ABC des Finanz- und Rechnungswesens

Prof. Dr. Jörg Wöltje

Inhalt

Vorwort

Mittlerweile sind Kenntnisse im Finanz- und Rechnungswesen eine Selbstverständlichkeit des täglichen Berufslebens – sie sind notwendig, um sinnvolle Entscheidungen treffen zu können. Wie in anderen Lebensbereichen, z. B. in der Medizin oder der Informatik, so werden jedoch auch hier zahlreiche Termini verwendet, die selbst den betriebswirtschaftlich Interessierten nicht immer ohne Weiteres geläufig sind. Dieses Glossar gibt Ihnen die Möglichkeit, sich mit den wichtigsten Begriffen des Finanz- und Rechnungswesens vertraut zu machen. Sie sind kurz, aber in leicht verständlicher Form erklärt. Übersichten und Abbildungen veranschaulichen Zusammenhänge.

Zur besseren Orientierung habe ich das „ABC" in fünf Kapitel gegliedert: Finanzierung, Investition, Kostenrechnung und Controlling, Buchführung und Bilanzierung sowie IFRS. Dies hilft Ihnen zusätzlich beim Verständnis der Zusammenhänge des umfangreichen Gebiets. Bei jedem Stichwort finden Sie außerdem die englische Übersetzung. Da bei den IFRS die Verwendung der englischen Begriffe üblich ist, stehen diese im Kapitel „IFRS" an erster Stelle.

Kritische Hinweise und Anregungen nehme ich sehr gerne entgegen unter der E-Mail: joerg.woeltje@t-online.de.

Viel Freude bei der Lektüre und Erfolg wünscht Ihnen

Prof. Dr. Jörg Wöltje

Finanzierung

Die betriebliche Finanzierung befasst sich mit der Kapitalbeschaffung und der Liquiditätssicherung eines Unternehmens. Aufgabe der Finanzierung ist es,

- einem Unternehmen ausreichend Kapital für die Erfüllung des Betriebszwecks sowie für notwendige Investitionen zur Verfügung zu stellen und
- seine Zahlungsfähigkeit zur Bedienung der Verbindlichkeiten (z. B. Lieferantenkredite oder Bankverbindlichkeiten) jederzeit zu gewährleisten;
- die Finanzierungskosten, z. B. für die Kreditaufnahme, auch unter Rentabilitätsgesichtspunkten so niedrig wie möglich zu halten.

Die Finanzierung kann erfolgen über die Außenfinanzierung (Aufnahme von Fremd- oder Eigenkapital) oder die Innenfinanzierung (über den Cashflow, die Bildung von Rückstellungen und die Gewinnthesaurierung, also einbehaltene Gewinne).

Mithilfe der Finanzplanung können diese zahlreichen Aufgaben besser erfüllt werden, denn sie ermittelt durch die Gegenüberstellung der zukünftigen Ein- und Auszahlungen den kurz- und mittelfristigen Kapitalbedarf des Unternehmens.

Abgeltungssteuer *(withholding tax):* Seit dem 1. 1. 2009 beträgt die Abgeltungssteuer pauschal 25 % zuzüglich 5,5 % Solidaritätszuschlag auf Einkünfte aus Kapitalvermögen und privaten Veräußerungsgewinnen. Der Abgeltungssteuer unterliegen Zinsen, Dividenden, Veräußerungsgewinne, Erträge aus Investmentfonds und Zertifikaten.

Abschlagszahlung *(installment payment):* Eine vereinbarte, vorweggenommene Teilleistung eines Geldbetrags auf die vom Vertragspartner bereits erbrachte Leistung. Sie ist bei der Endabrechnung zu berücksichtigen.

Absicherung *(hedging):* Die Kurse von Aktien, Renten und Devisen unterliegen Schwankungen, die mithilfe von Finanzinstrumenten, z. B. Futures, Optionen, Swaps etc., abgesichert werden können.

Absicherungsgeschäft *(hedge accounting):* Einsatz von speziellen Finanzkontrakten, insbesondere derivativer Finanzinstrumente, zur Verminderung von Verlusten, die durch eine ungünstige Kurs- oder Preisentwicklung entstehen können (Hedge-Geschäft).

Abzahlungsdarlehen *(installment loan):* Auch Ratendarlehen genannt. Darlehen mit jährlich fallenden Zahlungsraten des Kreditnehmers, da die Tilgung konstant bleibt, aber die Zinsen aufgrund der fallenden Restschuld sinken. Die Tilgungsrate ergibt sich aus der Division des Kreditbetrags mit der Laufzeit des Darlehens. Beim folgenden Beispiel handelt es sich um ein Abzahlungsdarlehen in Höhe von 80.000 €, einer Laufzeit von vier Jahren und einem Zinssatz von 10 % pro Jahr.

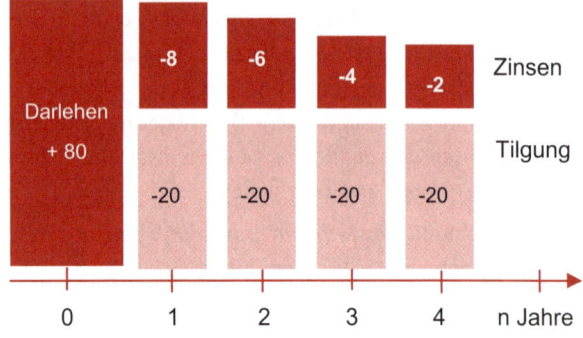

Beispiel für ein Abzahlungsdarlehen (Angaben in T€)

Abzinsung *(discounting):* Die rechnerische Ermittlung des Bar-, Gegenwarts- oder Kapitalwertes einer oder mehrerer zukünftiger Zahlungen mittels Zinseszinsrechnung. Die Abzinsung erfolgt durch Multiplikation des Zeitwertes mit dem **Abzinsungsfaktor.**

$$\text{Abzinsungsfaktor} = \frac{1}{q^n} = \frac{1}{(1+i)^n}$$

Ein zukünftiger Wert, z. B. der Endwert (K_n), wird mithilfe des Abzinsungsfaktors unter Berücksichtigung eines Zinssatzes multipliziert und man erhält den Gegenwartswert (Barwert).

$$\text{Barwert } (K_0) = K_n \times \frac{1}{(1+i)^n}$$

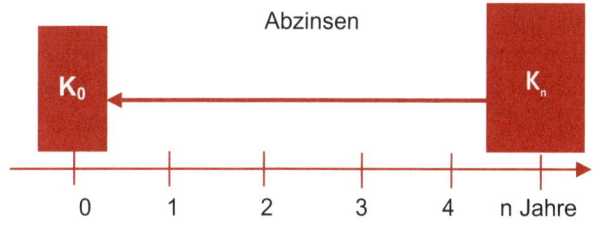

Abzinsung einer Zahlung auf den Zeitpunkt t_0

Ad-hoc-Meldungen *(ad-hoc announcements):* Unternehmensmeldungen, die Einfluss auf die Kursentwicklung der Aktie haben können, sind unverzüglich bekannt zu geben.

Agio *(premium):* Als Agio bzw. Aufgeld bezeichnet man die Differenz zwischen dem Nennwert eines Wertpapiers und dem höheren Ausgabebetrag, d. h. dem tatsächlich zu zahlenden höheren Kurs (Preis). Außerdem spricht man von einem Agio, wenn ein Wertpapier über einem rechnerischen Wert gehandelt wird, beispielsweise bei überparitätischer Bezugsrechtsnotiz.

Akkreditiv *(letter of credit):* Anweisung, i. d. R. an eine Bank, dem Akkreditivsteller selbst oder einem Dritten (dem Akkreditierten) einen Geldbetrag entweder ohne weitere Bedingungen (Bar-Akkreditiv) oder gegen Vorlage bestimmter Dokumente wie Verschiffungsdokumente (Dokumenten-Akkreditiv) auszuzahlen.

Akquisition *(acquisition):* Der Kauf eines Unternehmens oder einer Beteiligung.

Aktie *(share, stock):* Wertpapier, das seinem Inhaber einen bestimmten Anteil am Gesamtvermögen einer Aktiengesellschaft (AG) verbrieft. Der Inhaber einer Aktie ist Teilhaber/ Miteigentümer am Vermögen der AG. Für die Ausgabe von Anteilen an einer AG stehen verschiedene Aktiengattungen zur Verfügung, wie die folgende Abbildung zeigt.

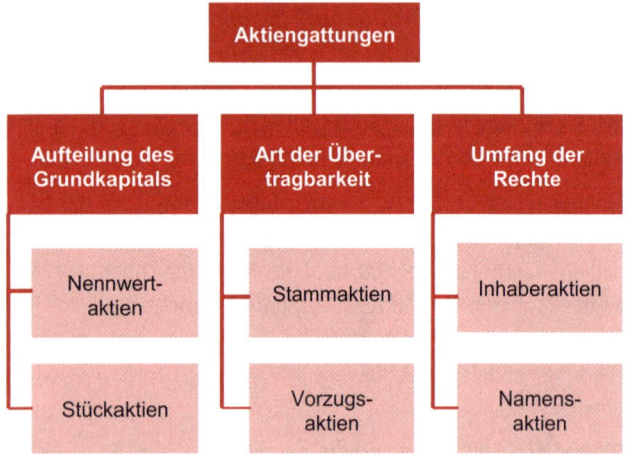

Aktiengattungen

Aktienbuch *(register of shareholders):* Ein bei Aktiengesellschaften geführtes Buch, in dem die emittierten Namensaktien mit Angabe des Inhabers nach Namen, Wohnsitz und Beruf eingetragen sind.

Aktienindex *(share index):* Kennziffer zur Darstellung der Kursentwicklung oder Performance von Aktien. Der bekannteste deutsche Aktienindex ist der DAX, der die 30 größten und umsatzstärksten deutschen Aktienwerte umfasst.

Aktienmarkt *(share market):* Der Teil des Kapitalmarktes, auf dem Aktien gehandelt werden.

Aktienrückkauf *(share buy back):* Aktiengesellschaften können unter bestimmten Umständen die von ihnen emittierten Aktien wieder zurückkaufen. Ein solcher Aktienrückkauf kann unterschiedliche Zielsetzungen verfolgen. Einer der wichtigsten Gründe ist die Erhöhung des Wertes der verbleibenden Aktien am freien Markt.

Aktienmarktsegmente *(share market segments):* Siehe „Marktsegmente".

Aktiensplit *(share split):* Bei einem Aktiensplit erhöht sich die Anzahl der ausgegebenen Aktien entsprechend dem Splitverhältnis. Ziel eines Aktiensplits ist es, durch die erhöhte Aktienstückzahl steigende Handelsvolumen zu erreichen und das Kursniveau optisch wieder günstiger zu machen.

Aktionär *(stock-, shareholder):* Der Inhaber von mindestens einer Aktie an einer Aktiengesellschaft (AG) oder an einer Societas Europaea (SE) oder an einer Kommanditgesellschaft auf Aktien (KGaA) wird als Aktionär bezeichnet.

Akzept *(acceptance):* Schriftliche Erklärung auf der Wechselurkunde, dass der Wechsel angenommen wird. Der Bezogene nimmt durch die Unterschrift den Wechsel an.

Akzeptkredit *(acceptance credit):* Liegt vor, wenn ein Kreditinstitut einen auf diesen gezogenen Wechsel eines Kunden (Ausstellers) akzeptiert, d. h. sich verpflichtet, den Betrag, auf den der Wechsel lautet, an den jeweiligen Inhaber zu zahlen, und der Kunde sich verpflichtet, den Wechselbetrag vor Fälligkeit des Wechsel bei der Bank bereitzustellen.

Akzessorietät *(accessoriness):* Die Bürgschaftsverbindlichkeit ist immer so hoch wie der jeweilige Stand der Hauptverbindlichkeit. Erhöht sich die Hauptverbindlichkeit durch Zinsen, so vergrößert sich auch die Bürgschaftsverbindlichkeit bis zu einem eventuell festgelegten Höchstbetrag. Die akzessorische Sicherheit gilt nur in Verbindung mit der zugrunde liegenden Forderung.

Amtlicher Handel *(official trading):* Auch amtlicher Markt genannt. Ehemaliges Marktsegment mit den strengsten Zulassungsvoraussetzungen an deutschen Börsen; wurde am 1. 11. 2007 übergeführt in den regulierten Markt.

Anleihe *(bond):* Bezeichnung für alle Schuldverschreibungen mit einem festen Zinssatz und vereinbarter Laufzeit. Sie dienen der Beschaffung von langfristigen Finanzierungsmitteln und können vom Bund, den Ländern, bestimmten öffentlichen Körperschaften (z. B. Städten), Industrieunternehmen, Sonderkreditinstitutionen, Hypothekenbanken oder öffentlich-rechtlichen Kreditanstalten aufgelegt (emittiert) werden.

Anleihemarkt *(bond market):* Markt, an dem Anleihen (längerfristige Schuldverschreibungen) gehandelt werden.

Annuität *(annuity):* Eine in gleichen Zeitabständen (i. d. R. jährlich) wiederkehrende, gleich hohe Zahlung, die aus Zinsen und Tilgung besteht. Bei der üblichen Form der konstanten Annuität handelt es sich um einen stets gleichbleibenden Betrag, der sich aus Zins- und Tilgungsleistungen zusammensetzt. Da der Zins nur auf die rückläufige Restschuld zu zahlen ist, wird der Zinsanteil immer kleiner, der Tilgungsanteil entsprechend höher. Berechnet wird die Annuität mit dem Kapitalwiedergewinnungsfaktor, der Zahlungsreihen in gleich große Glieder einer uniformen Reihe formt.

Annuitätendarlehen *(annuity loan):* Ein Darlehen mit gleichbleibender jährlicher Ratenzahlung des Kreditnehmers. Die Ratenzahlung (= Annuität) enthält einen Zins- und einen Tilgungsanteil. Der Zinsanteil nimmt im Lauf der Zeit aufgrund der sinkenden Darlehenssumme ab. Folglich steigt der Tilgungsanteil mit zunehmender Laufzeit des Darlehens.

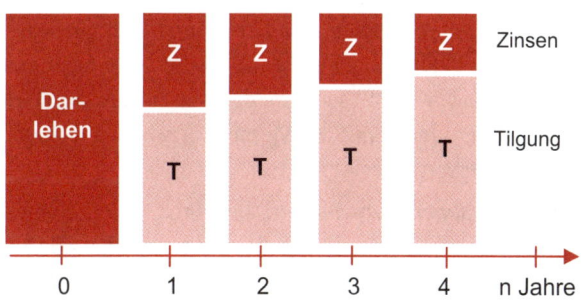

Beispiel für ein Annuitätendarlehen über vier Jahre

Anzahlung *(advance payment):* Eine Anzahlung ist die erste Teilzahlung auf einen bereits abgeschlossenen Vertrag.

Arbitrage *(arbitrage):* Allgemeine Bezeichnung für die spekulative Ausnutzung von Preis-, Kurs- und Zinsdifferenzen für identische Wertpapiere auf verschiedenen Märkten (Börsen) zur Gewinnerzielung.

Asset Backed Securities (ABS) *(asset backed securities):* Wertpapiere, die durch einen Pool von homogenen unverbrieften Forderungen gedeckt sind. Die ABS können auch als ein Substitut für den klassischen Kredit angesehen werden. In der Regel verkauft ein Unternehmen seine Forderungen, die z. B. aus einer Leasingfinanzierung oder Krediten resultieren, an eine Zweckgesellschaft. Der Forderungspool wird auf eine Zweckgesellschaft übertragen, welche die Investoren aus den Zahlungsströmen des Pools bedienen. Die Forderungsrisiken bleiben bei dem veräußernden Unternehmen.

Atypisch stille Beteiligung *(atypical silent partnership):* Im Gegensatz zu einer typisch stillen Beteiligung liegt eine atypisch stille Beteiligung vor, wenn der Gesellschafter nicht nur am Gewinn und Verlust, sondern darüber hinaus am Geschäftsvermögen und somit am Vermögenszuwachs, d. h. an den stillen Reserven beteiligt ist.

Aufsichtsrat *(supervisory board):* Ein durch Gesetz vorgeschriebenes Kontrollorgan für die Rechtsformen der AG, SE, KGaA, der Genossenschaft und der GmbH, soweit letzere mindestens 500 Arbeitnehmer beschäftigt.

Außenfinanzierung *(external financing):* Zuführung von Eigen- oder Fremdkapital aus unternehmensexternen Quellen, insbesondere durch Beteiligungsfinanzierung (Einlagen von Gesellschaftern) oder durch Fremdfinanzierung (Aufnahme von Krediten), aber auch Lieferantenkredite gehören zur Außenfinanzierung.

Außenfinanzierung

Ausübung *(exercising):* Nimmt der Inhaber einer Option sein Optionsrecht wahr, so spricht man von einer Ausübung.

Avalkredit *(guarantee credit):* Eine Form der Kreditleihe. Unter einem Avalkredit versteht man die Übernahme einer Bürgschaft oder Garantie eines Kreditinstitutes für einen Kunden bis zu einer vereinbarten Höhe. Für das Kreditinstitut entsteht eine Eventualverbindlichkeit, die nur dann zur Verbindlichkeit wird, wenn der Kreditnehmer seine Leistungen gegenüber Dritten nicht erfüllt.

Bad Bank *(bad bank):* Dies ist eine Zweckgesellschaft zur Bereinigung von Bankbilanzen. Gegen eine Ausgleichszahlung können Banken hoch abschreibungsgefährdete Finanzaktiva zeitlich befristet auf eine Bad Bank übertragen und sich somit vor zusätzlichen außerplanmäßigen Abschreibungen und vor einer Verschlechterung ihrer Solvenz schützen.

Baisse *(bear market):* Ein anhaltender Abwärtstrend an der Börse. Während der Baisse fallen die Wertpapierkurse einzelner Marktbereiche oder des Gesamtmarktes über einen mittleren bis längeren Zeitraum.

Bankgarantie *(bank guarantee):* Ein abstraktes Zahlungsversprechen, das eine Bank im Auftrag ihres Kunden zugunsten eines Dritten für den Fall des Eintritts bestimmter Voraussetzungen (Garantiefall) übernimmt. Im Fall der Inanspruchnahme hat die Bank einen Regressanspruch gegen den
Auftraggeber. Typische Anwendungsfälle sind: Kreditsiche-
rungsgarantie, Liefer- und Leistungsgarantie, Vertragserfül-
lungsgarantie, Anzahlungsgarantie, Gewährleistungsgarantie,
Zahlungsgarantie, Zollgarantie.

Bargeld *(cash):* Umfasst Banknoten und Scheidemünzen. Das
Bargeld bildet den Bestand an gesetzlichen Zahlungsmitteln.

Barwert *(present value):* Der Barwert (K_0) ist der gegenwärtige Wert zukünftiger Zahlungsströme (z). Er wird durch
Abzinsen (diskontieren) der in der Zukunft anfallenden Zahlungen mit dem Kapitalisierungszinssatz ermittelt.

Barwert

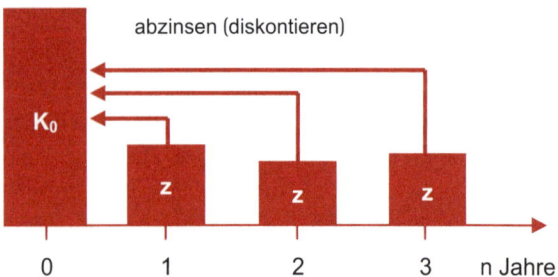

K_0 = Barwert, z = Zahlungen

Ermittlung des Barwertes durch Abzinsen der Zahlungsreihe

Basel II *(Basel II):* Die Rahmenvereinbarung der Baseler Ausschüsse für Bankenaufsicht über risikoadäquate Mindesteigenkapitalausstattung der Banken. Die für die Kreditvergabe erforderliche Eigenkapitalausstattung der Bank ist abhängig von der Bonität der Kreditkunden: Je schlechter die Bonität, desto mehr Eigenkapital muss die Bank für die Kreditvergabe hinterlegen.

Basispreis *(strike price):* Kurs bzw. Preis, zu dem der Inhaber einer Kaufoption den der Option zugrunde liegenden Wert (Basiswert) erwerben (Put) kann bzw. zu dem der Inhaber einer Verkaufsoption den Basiswert verkaufen (Call) kann.

Basiszinssatz *(base rate):* Gesetzlicher Zinssatz, der halbjährlich neu festgelegt wird. Er löste 1999 den vorher geltenden Diskontsatz der Bundesbank ab.

Beleihungswert *(mortgage lending value):* Vom Kreditgeber beigemessener Wert einer Kreditsicherheit.

Bereitstellungszinsen *(commitment interest):* Falls zugesagte Darlehen nicht innerhalb einer bestimmten Zeit abgerufen werden, so berechnet die Bank i. d. R. Bereitstellungszinsen.

Berichtigungsaktie (Gratisaktie) *(bonus share):* Berichtigungsaktien werden ausgegeben, wenn eine Aktiengesellschaft offene Rücklagen in Grundkapital umwandelt, d. h. eine Kapitalerhöhung aus Gesellschaftsmitteln durchführt. Die Eigenmittel der Gesellschaft werden dadurch nicht verändert.

Beta-Faktor *(beta factor):* Der Beta-Faktor gibt die Preisschwankungen einer Aktie bzw. eines Aktienportefeuilles im

Verhältnis zu einem Aktienindex an. Bei einem Beta von 1,0 schwankt die Aktie so stark wie der Markt (gleiches Risiko). Bei Werten unter 1,0 schwankt sie schwächer (niedrigeres Risiko) und bei Werten über 1,0 schwankt sie stärker (höheres Risiko) als der Markt.

Beteiligung *(holding):* Kapitalanteile, die von Anteilseignern an anderen Unternehmen gehalten werden.

Beteiligungsfinanzierung *(equity investment financing):* Eigen- bzw. Beteiligungsfinanzierung liegt vor, wenn dem Unternehmen zusätzliches Eigenkapital oder entsprechende Sacheinlagen durch bisherige bzw. neue Anteilseigner zur Verfügung gestellt werden.

Beteiligungskapital *(venture capital):* Es wird von Beteiligungskapitalgesellschaften oder privaten Kapitalgebern zur Verfügung gestellt. Hierbei handelt sich um Eigenkapital bzw. eigenkapitalähnliche Finanzierungsformen (Mezzanine) für die in der Regel keine banküblichen Sicherheiten notwendig sind. Der Kapitalgeber trägt das Risiko eines eventuellen Verlustes, er hat dafür aber auch die Möglichkeit, an den überproportionalen Wertzuwächsen des Unternehmens zu partizipieren. Mit einer Beteiligung kann die Eigenkapitalquote eines Unternehmens erhöht werden, so dass die Bank eher bereit ist, einem Kredit zugeben.

Betriebsmittelkredit *(working capital loan):* Ein kurzfristiger Kredit, der i. d. R. als Kontokorrentkredit gewährt wird und zur Finanzierung des Umlaufvermögens dient. Eine besondere Art des Betriebsmittelkredits ist der Saisonkredit zur

Überbrückung des Zeitraums zwischen Einkauf/Herstellung und Absatz der Waren.

Bezugsrecht *(subscription right):* Das Recht des Altaktionärs, bei einer Kapitalerhöhung der AG eine bestimmte Anzahl neue („junge") Aktien im Verhältnis des Nennwertes seiner Aktien zum Grundkapital zu erwerben. Die Altaktionäre können die Bezugsrechte ausüben oder auch an der Börse verkaufen.

Bezugsverhältnis *(subscription ratio):* Das Bezugsverhältnis drückt aus, wie viele Altaktien erforderlich sind, um junge Aktien zu beziehen.

BIZ, Bank für internationalen Zahlungsausgleich *(BIS, Bank for International Settlements):* Die Zentralbank der Zentralbanken mit Sitz in Basel, die deren Zusammenarbeit fördert.

Blankokredit *(unsecured credit):* Kredit, der an Kreditnehmer mit erstklassiger Bonität (Kreditwürdigkeit) ohne Sicherheiten gewährt wird.

Blue Chips *(erstrangige Aktien):* Aktien von substanz- und ertragsstarken Unternehmen mit einer hohen Börsenkapitalisierung und entsprechend hohem Marktgewicht. In Deutschland sind die Blue Chips im DAX zusammengefasst.

Börse *(stock exchange):* Organisierter Markt, auf dem vertretbare Sachen (z. B. Wertpapiere, Waren, Devisen) nach bestimmten Regeln gehandelt werden. Die Feststellung der Kurse oder Preise der gehandelten Objekte richtet sich nach Angebot und Nachfrage. In Deutschland gibt es z. B. acht

Wertpapierbörsen, eine Devisenbörse, eine Wertpapierterminbörse sowie eine Warenterminbörse.

Bond: siehe Anleihe

Bonität *(creditworthiness):* Kreditwürdigkeit bzw. Fähigkeit eines Schuldners, seinen Zahlungsverpflichtungen nachzukommen. Die Banken prüfen vor jeder Kreditgewährung die Bonität des Antragstellers.

Bookbuilding *(bookbuilding):* Emissionsverfahren, bei dem im Gegensatz zum Festpreisverfahren die Anleger in die Preisfindung eingebunden werden. Bei einer Aktienmission werden Ausgabepreis und -volumen anhand der eingehenden Zeichnungsaufträge und deshalb „vom Markt" festgelegt. Die konsortialführenden Banken sammeln beim Bookbuilding während einer bestimmten Periode die Kaufaufträge der Anleger, bauen quasi ein „Buch" auf.

Bridge Financing *(Überbrückungsfinanzierung):* Finanzielle Mittel, die einem Unternehmen z. B. für einen Börsengang zur Verfügung gestellt werden. Neben der Finanzierung der Kosten eines Börsenganges soll die Überbrückungsfinanzierung vor allem die Eigenkapitalquote des Unternehmens verbessern.

Bürgschaft *(guarantee):* Eine Bürgschaft ist ein Vertrag zwischen dem Bürgen und dem Gläubiger eines Dritten. Der Bürge verpflichtet sich gegenüber dem Gläubiger (z. B. einer Bank), für die Erfüllung der Verbindlichkeiten des Dritten (Schuldners) einzustehen – der Bürge haftet i. d. R. mit seinem gesamten Vermögen (selbstschuldnerische Bürgschaft).

Bürgschaftsbanken *(guarantee banks):* Bürgschaftsbanken sind Selbsthilfeeinrichtungen der Wirtschaft für den Mittelstand. Sie übernehmen Ausfallbürgschaften für kurz-, mittel- und langfristige Kredite.

Bullet *(bullet credit):* Eine Anleihe, die komplett am Ende der Laufzeit getilgt wird.

Bundesanleihe *(federal bond):* Langfristige Schuldverschreibung, die der Bund zur Deckung seines Kreditbedarfs begibt. Sie hat i. d. R. eine zehnjährige Laufzeit und eine feste Nominalverzinsung.

Bundesobligation *(federal debt obligation):* Schuldverschreibung des Bundes mit fünfjähriger Laufzeit und fester Nominalverzinsung.

Bundesschatzbrief *(federal savings bonds):* Speziell für Privatanleger konzipierte Schuldverschreibung des Bundes mit sechs (Typ A) oder sieben (Typ B) Jahren Laufzeit und gestaffeltem Zinssatz. Beim Typ A erfolgen die Zinszahlungen jeweils am Jahresende und beim Typ B am Ende der Laufzeit.

Business Angels *(business angels):* Vermögende und erfahrene Privatinvestoren, die Gründern in der Frühphase der Gründung zum einen ihren Rat und ihre Kontakte anbieten und zum anderen – zumeist im Vorfeld der Hereinnahme einer Venture-Capital-Gesellschaft – Beteiligungskapital bereitstellen.

Businessplan *(business plan):* Geschäftsplan eines Unternehmens, in dem die Vorhaben, die Ziele und die Maßnahmen, um diese zu erreichen, aufgeführt und quantifiziert sind.

Buy Back *(zurück kaufen):* Die Unternehmensanteile werden durch die Altgesellschafter wieder von der Beteiligungsgesellschaft zurückgekauft.

Call *(Kaufoption):* Börsenbezeichnung für eine Kaufoption. Mit dem Call erwirbt man das Recht, den Basiswert zu vorab festgelegten Konditionen zu kaufen. Der Kauf ist jedoch nicht verpflichtend.

Cap *(Obergrenze):* Es handelt sich um eine Obergrenze für den Zins, den ein Schuldner variabler verzinster Zinspapiere maximal bezahlen muss.

Cap–Darlehen *(cap loan):* Ein Darlehen mit grundsätzlich variablem Zins, bei dem der Zinssatz jedoch die Zinsobergrenze (den Cap) nicht überschreiten darf.

CAPM (Capital Asset Pricing Model): Kapitalmarktorientiertes Modell zur Berechnung der Eigenkapitalkosten eines Unternehmens.

> Eigenkapitalkosten =
> Rendite einer risikofreien Anlage + Risikoprämie

Die Risikoprämie setzt sich aus zwei Teilen zusammen:

> Risikoprämie =
> Renditeschwankungskoeffizient + durchschn. Risikoprämie

Der Renditeschwankungskoeffizient ist ein Maß für das unternehmensbezogene Marktrisiko.

Capital Gain *(Vermögenszuwachs):* Rendite einer Beteiligungsgesellschaft nach Ausstieg aus der Beteiligung.

Chartanalyse *(chart analysis):* Instrument der Aktienkursprognose. Die Chartanalyse bezieht sich ausschließlich auf den bisherigen Kursverlauf und versucht, hieraus Trends auf die künftige Kursentwicklung zu ziehen.

Cash Burn Rate *(cash burn rate):* Mit der Cash Burn Rate kann die Liquiditätslage eines Unternehmens beurteilt werden. Sie gibt an, mit welcher Geschwindigkeit ein Unternehmen seine finanziellen Mittel verbrennt, d. h. wie lange seine finanziellen Ressourcen noch ausreichen, bis das in ein Unternehmen investierte Kapital verbraucht ist.

Cashflow *(cash flow):* Kennzahl zur Beurteilung der Finanz- und Ertragskraft eines Unternehmens. Sie ergibt sich als Differenz zwischen Ein- und Auszahlungen in einer Abrechnungsperiode. Der Cashflow aus laufender Geschäftstätigkeit (auch operativer Cashflow) gibt den Zahlungsüberschuss an, der durch das operative Geschäft in einem bestimmten Zeitraum erwirtschaftet wurde. In den operativen Cashflow gehen das Ergebnis einer Abrechnungsperiode, die Veränderung der Abschreibungen sowie die Zunahme bzw. Abnahme der langfristigen Rückstellungen ein.

Cashflow-Analyse *(cash flow analysis):* Zielt auf eine längerfristige Beurteilung des Unternehmens, dabei wird z. B. der Cashflow zur Nettoverschuldung ins Verhältnis gesetzt. Der damit ermittelte dynamische Verschuldungsgrad gibt an, wie viele Jahre es theoretisch dauern würde, bis der jährliche Cashflow die Schulden auf null zurückführt.

Cashflow-Marge *(cash flow margin):* Auch Cashflow-Gewinnspanne genannt. Kennzahl für die operative Unter-

nehmensrentabilität. Sie gibt an, wie viel Prozent der Umsatzerlöse dem Unternehmen zur Investitionsfinanzierung,
Schuldentilgung und Dividendenzahlung frei zur Verfügung
stehen, und ist ein Maßstab für die Ertrags- und Selbstfinan-
zierungskraft des Unternehmens. Berechnung:

$$\text{Cashflow-Marge} = \frac{\text{Cashflow}}{\text{Umsatz}} \times 100$$

Cash-Management *(cash management):* Das Cash-
Management umfasst alle Aufgaben, die auf die optimieren-
de Finanzmittelsteuerung der laufenden Zahlungsprozesse
abzielen, d. h. Finanzplanung mit einem Planungshorizont
von wenigen Tagen. Die optimale Steuerung der Finanzmittel
erfolgt unter Liquiditäts- und Rentabilitätsaspekten.

Cash Pooling *(cash pooling):* Unternehmensinterner Liquiditätsausgleich durch ein zentrales Finanzmanagement, das
den Unternehmen im Konzern Kredite zur Deckung von Liqui-
ditätslücken anbietet. Der Pool wird gefüllt durch Liquidi-
tätsüberschüsse aller Konzernunternehmen. Erst wenn der
unternehmensinterne Liquiditätsausgleich zur Erhaltung der
Zahlungsfähigkeit nicht ausreicht, wird auf externe Geld-
und Kapitalmärkte zurückgegriffen.

Collars *(collars):* Kombination eines Caps mit einem Floor
(Vereinbarung einer Zinsobergrenze und Zinsuntergrenze). Es
handelt sich um ein Zinsoptionsinstrument.

Commercial Papers *(commercial papers):* Handelbare, kurzfristige Inhaberschuldverschreibungen, die der kurzfristigen
Fremdkapitalaufnahme dienen. Sie werden meist als Dauer-

emission revolvierend mit einer typischen Laufzeit von einer Woche bis zu zwölf Monaten von Emittenten erstklassiger Bonität am Geldmarkt begeben. Emittiert werden sie von großen Unternehmen zur flexiblen Deckung ihres kurzfristigen Kreditbedarfs.

Convertible Bond: siehe Wandelanleihe

Corporation (Corp.): US-amerikanische Aktiengesellschaft.

Courtage *(brokerage):* Vermittlungsprovision eines Börsen- oder Immobilienmaklers für einen Vertragsabschluss. Übliche Provisionssätze bei Vermietungen liegen bei ein bis zwei Monatsmieten. Bei Grundstücks- oder Immobilienvermittlungen werden 3 bis 6 % des Kaufpreises fällig.

Credit Default Swap (CDS) *(credit default swap):* Finanzinstrument zur Übernahme des Kreditrisikos aus einem Referenzaktivum (z. B. Wertpapier oder Kredit). Dafür zahlt der Sicherungsnehmer an den Sicherungsgeber eine Prämie und erhält bei Eintritt eines vorab vereinbarten Kreditereignisses eine Ausgleichszahlung.

Credit Spread *(credit spread):* Ein Maß für den Auf- oder Abschlag auf einen Referenzzinssatz. Die Höhe des Credit Spread richtet sich nach der Bonität und der Marktstellung des betreffenden Schuldners.

Dachfonds *(Fund of Funds):* Ein Beteiligungsfonds investiert in einen Dachfonds, der Dachfonds investiert wiederum in eine größere Zahl von kleineren Fonds. Damit ist eine breite Risikostreuung möglich.

Damnum: siehe Disagio

Darlehen *(loan):* Kredit, der i. d. R. in einer Summe zur Verfügung gestellt wird. Die Rückzahlung erfolgt in Raten oder auf einmal.

DAX, Deutscher Aktienindex *(DAX):* Hier werden die 30 hinsichtlich Marktkapitalisierung und Orderbuchumsatz bedeutendsten deutschen Aktien aus dem Prime Standard, die sog. Blue Chips, zusammengefasst.

Debitorenlaufzeit *(redemption period):* Die Debitorenlaufzeit gibt Aufschlüsse über das Zahlungsverhalten der Kunden, d. h. darüber, wie lange es dauert, bis die Umsatzerlöse in liquide Mittel umgewandelt werden. Hier sollte ein möglichst geringer Wert angestrebt werden.

Delisting *(delisting):* Der vollständige Rückzug einer börsennotierten AG von der Börse.

Delkrederefunktion *(delcredere function):* Eine Kreditversicherungsfunktion beim Factoring, bei der ein Dritter (Factor) im Falle eines teilweisen oder vollständigen Forderungsausfalls aufgrund der Zahlungsunfähigkeit eines Debitors haftet, d. h. den Zahlungseingang gewährleistet.

Derivate *(derivatives):* Ein Derivat ist ein Finanzprodukt, dessen Wert auf Änderungen des Wertes eines Basisobjektes – z. B. eines Zinssatzes, Wechselkurses, Rohstoffpreises, Preis- oder Zinsindizes, der Bonität eines Kreditindexes oder einer anderen Variablen – reagiert, bei dem die Anschaffungskosten nicht oder nur in sehr geringem Umfang anfallen und das erst in der Zukunft erfüllt wird.

Desinvestition *(negative investment):* Die Freisetzung der im Betrieb investierten Mittel durch Verkauf, Liquidation und Aufgabe. Gegenteil der Investition.

Devisen *(foreign exchange):* Guthaben oder Forderungen (Wechsel, Schecks, Wertpapiere) in ausländischer Währung. Ausländische Zahlungsmittel (Banknoten und Münzen) werden als „Sorten" bezeichnet.

Devisenswap *(foreign exchange swap):* Kombination eines Devisenkassageschäfts mit einem Devisentermingeschäft.

Devisentermingeschäft *(foreign exchange forward contract):* Währungsgeschäft zur Absicherung von Wechselkursrisiken im Außenhandel. Bei einem Devisentermingeschäft handelt es sich um ein Geschäft in fremder Währung, das zu einem späteren Zeitpunkt als ein Devisenkassageschäft erfüllt wird. Der Verkäufer (z. B. eine Bank) eines Devisentermingeschäfts geht die Verpflichtung ein, Devisen zu einem vereinbarten Wechselkurs zu liefern, während der Käufer (z. B. ein Unternehmen) die Verpflichtung trägt, Devisen zu einem festgelegten Preis abzunehmen. Der beim Abschluss des Devisenterminkontraktes vom Verkäufer genannte Kurs ist verbindlich; spätere Kursveränderungen wirken sich nicht mehr zulasten oder zugunsten des Käufers aus.

Disagio *(loan discount):* Wörtlich: Abgeld. Unterschied zwischen dem Nennwert eines Wertpapieres bzw. einer Forderung (z. B. Kredit) und seinem niedrigeren Ausgabekurs bzw. dem höheren Rückzahlungsbetrag im Kreditgeschäft. Wird meist in Prozent des Nennwertes ausgedrückt. Gegensatz: Agio.

Diskont *(discount):* Ankauf eines Wechsels vor dessen Fälligkeit durch eine Bank unter Abzug der Zinsen (Diskont) von der Wechselsumme.

Diskontierung *(discounting):* Abzinsung mithilfe finanzmathematischer Methoden zur Ermittlung des Gegenwertes zukünftiger Zahlungen.

Diskontkredit *(discount credit):* Ein kurzfristiger Kredit, der dadurch entsteht, dass eine Bank von einem Kunden einen noch nicht fälligen Wechsel ankauft.

Dividende *(dividend):* Der an die Aktionäre ausgeschüttete Gewinn einer AG.

Dividendenrendite *(dividend yield):* Sie drückt das Verhältnis der je Aktie gezahlten Dividende zum Aktienkurs aus.

Dokumentenakkreditiv *(documentary letter of credit):* In der Regel das unwiderrufliche Zahlungsversprechen von Banken, die dieses im Auftrag von Importeuren zugunsten von Exporteuren abgeben.

Duration *(weight average maturity):* Eine Kennzahl, die die Höhe des Zinsänderungsrisikos widerspiegelt. Sie ist der gewichtete Durchschnitt der Zins- und Tilgungszeitpunkte.

Due Diligence *(Unternehmensbewertung):* Die detaillierte Untersuchung, Prüfung und Bewertung eines Unternehmens durch externe Fachleute als Grundlage für die Investitionsentscheidung. Dies beinhaltet die im Zusammenhang mit Mergers und Acquisitions durchgeführten Arbeiten von Wirtschaftsprüfern (Financial Due Diligence), Anwälten (Legal Due Diligence) und Steuerberatern (Tax Due Diligence) zur

Gewinnung eines Überblickes über die rechtliche und wirtschaftliche Situation eines betrachteten Unternehmens.

EBIT *(EBIT; Earnings before Interests and Taxes)*: Eine absolute Ertragskennzahl einer Unternehmung, die den Jahresüberschuss vor Steuern, Zinsergebnis und außerordentlichem Ergebnis beziffert.

EBIT-Marge *(EBIT margin):* Eine Maßzahl für die Profitabilität eines Unternehmens in einem bestimmten Zeitraum. Sie berechnet sich aus der Relation des EBIT zum Umsatz (EBIT-Umsatzrendite).

EBITDA *(EBITDA; Earnings before Interest, Taxes, Depreciation and Amortization):* Die absolute Ertragskennzahl beziffert den Jahresüberschuss vor Steuern, Zinsergebnis und Abschreibungen des Unternehmens. Das EBITDA ist eine international weitverbreitete und eine der aussagekräftigsten Erfolgskennzahlen, um die operative Ertragskraft einer Gesellschaft zu beurteilen. Diese EBIT-Kennzahlen können wie folgt berechnet werden:

	Jahresüberschuss nach Steuern (After-tax Profit)
+	Ertragssteuern (Income Taxes)
=	**Jahresüberschuss vor Steuern (Pre-tax Profit)**
+/-	außerordentliches Ergebnis (Extraordinary Items, Discontinued Operations)
=	**Ergebnis der gewöhnlichen Geschäftstätigkeit (EBT)**
+	Zinsaufwand (Interest Expenses)
=	**Gewinn vor Zinsen und Steuern (EBIT)**

+   Abschreibungen auf Sachanlagen (Depreciation)

+   Abschreibungen auf Goodwill (Amortization)

=   **Gewinn vor Zinsen, Steuern und Abschreibungen (EBITDA)**

EBITDA-Marge *(EBITDA margin):* Berechnet sich aus der Relation des EBITDA zum Umsatz (EBITDA-Umsatzrendite). Sie ist als relative Kennzahl prädestiniert, um die EBITDA-Ertragskraft verschiedener Unternehmen miteinander zu vergleichen.

EBT *(EBT; Earnings before Taxes):* Ergebnis vor Steuern, entspricht nach HGB i. d. R. dem Ergebnis der gewöhnlichen Geschäftstätigkeit.

Effekten *(securities):* Steht als Synonym für Wertpapiere. Es handelt sich z. B. um Aktien oder Schuldverschreibungen und sonstige Anleihen, mithin auch um übertragbare Papiere, die an der Börse gehandelt werden können.

Effektivzins *(effective interest rate):* Der effektive Jahreszins ist der Preis, der die Gesamtbelastung pro Jahr im Prozentsatz z. B. eines Kredites angibt. Er ist i. d. R. höher als der Nominalzins, da häufig preiserhöhende Kostenbestandteile (Gebühren, Disagio) enthalten sind. Der Effektivzins hilft, verschiedene Kredite besser miteinander vergleichen zu können.

Eigenfinanzierung *(self financing):* Die Bereitstellung von Eigenkapital respektive die Erhöhung des Eigenkapitals eines Unternehmens. Die Eigenfinanzierung kann durch Einlagen der Gesellschafter (Beteiligungsfinanzierung) oder durch die Einbehaltung von Gewinnen (Selbstfinanzierung) erfolgen.

Eigenkapitalersatz *(replacement of equity):* Als Eigenkapitalersatz werden z. B. Gesellschafterdarlehen angesehen, die einer Kapitalgesellschaft in einer Krise gewährt oder belassen werden, anstatt ihr zusätzliches Eigenkapital zuzuführen.

Eigenkapitalquote *(equity ratio):* Die Eigenkapitalquote errechnet sich aus dem prozentualen Verhältnis des Eigenkapitals zur Bilanzsumme eines Unternehmens.

Eigenkapitalrentabilität *(return on equity: RoE):* Verhältnis des während einer Periode erwirtschafteten Ergebnisses vor Steuern zum bilanziellen Eigenkapital. Die Eigenkapitalrentabilität gibt die Verzinsung des Eigenkapitals an und ist deswegen vor allem aus der Sicht der Aktionäre eine wichtige Kennzahl.

$$\text{Eigenkapitalrentabilität} = \frac{\text{Gewinn vor Steuern}}{\text{Eigenkapital}} \times 100$$

Eigentumsvorbehalt *(retention of title):* Der Eigentumsvorbehalt ist ein Sicherungsmittel bei der Kreditvergabe, vor allem bei den Lieferantenkrediten. Dies ist eine Bedingung in einem Kaufvertrag, wonach das Eigentum an einer bereits ausgelieferten Ware erst bei vollständiger Bezahlung des Kaufpreises auf den Käufer übergehen soll.

Emission *(emission):* Erstausgabe neuer Wertpapiere (Aktien, Anleihen), i. d. R. über Banken. Eine Emission dient der Kapitalbeschaffung für Unternehmen bzw. der Öffentlichen Hand und erfolgt meist durch öffentliche Ausschreibung zur Zeichnung der auszugebenden Wertpapiere. Nach ihrer Emission werden die Wertpapiere auf dem sog. Sekundärmarkt gehandelt.

Emissionskonsortium *(underwriting syndicate):* Eine Gruppe von Kreditinstituten, die eine Aktie oder eine Anleihe gemeinsam an die Börse bringt. Das Konsortium übernimmt gegen eine entsprechende Vergütung (Bonifikation) die gesamte Emission. Diese wird zu einem vereinbarten Preis in- und ausländischen Anlegern zum Kauf angeboten.

Emissionskurs *(issue/offering price):* Kurs bzw. Preis, zu dem das neue Wertpapier zum Kauf angeboten wird. Eine Ausgabe von Aktien unter Nennwert (unter pari) ist verboten. Die Ausgabe erfolgt daher immer über pari. Den über den Nennwert hinausgehenden Betrag bezeichnet man als Agio.

Emissionsprospekt *(issue/offering prospectus):* Prospekt des Emittenten, der die Öffentlichkeit über die zur Zeichnung aufliegenden Wertpapiere sowie über die Gesellschaft unterrichtet (Verkaufsprospekt).

Endfälliges Darlehen *(final-maturity loan):* Ein meist langfristiges Darlehen, das am Ende der Laufzeit in einer Summe getilgt wird. Während der Laufzeit sind nur die Zinsen zu entrichten. Als Tilgungsersatz werden häufig Bausparverträge, Kapitallebensversicherungen, Rentenversicherungen oder Investmentfonds verwendet.

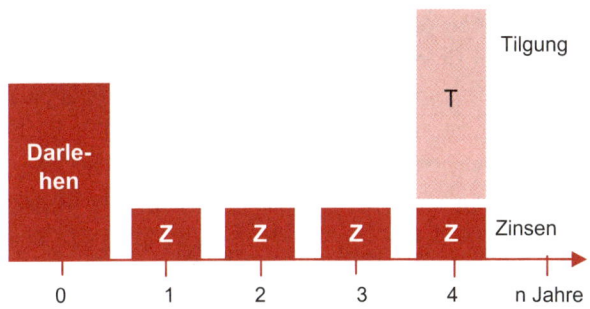

Beispiel für ein endfälliges Darlehen

Entry Standard *(entry standard):* Teilbereich des Open Market (Freiverkehr). Der Entry Standard soll kleinen und mittelgroßen Unternehmen einen kostengünstigen Zugang zum Kapitalmarkt eröffnen. Die Bedingungen des Entry Standard sind etwas umfassender als die allgemeinen Bedingungen des Open Market, hierzu gehört z. B. ein Halbjahresbericht.

Equity-Kicker *(Erfolgsbeteiligung):* Bei der Finanzierung mit Mezzanine-Kapital kann man den Kapitalgeber über sog. Equity-Kicker beteiligen. In den meisten Fällen wird der Equity-Kicker in Form einer Option eingesetzt. Diese räumt dem Kapitalgeber z. B. Bezugsrechte an Gesellschaftsanteilen zu einem festen Preis zu einem bestimmten Zeitpunkt ein. Diese können dann bei einem Börsengang oder Unternehmensverkauf ausgeübt werden. Eine weitere Alternative ist das Einräumen von Wandlungsrechten oder der Teilnahme an künftigen Kapitalerhöhungen.

Equity-Methode *(equity method):* Bewertungsmethode für die Anteile an Unternehmen (assoziierte Unternehmen), auf deren Geschäfts- und Finanzpolitik ein maßgeblicher Einfluss ausgeübt werden kann. Hierbei wird der Beteiligungsbuchwert des Beteiligungsunternehmens fortgeschrieben, indem dieser um anteilige Jahresüberschüsse oder -fehlbeträge erhöht bzw. vermindert wird. Ausschüttungen des Beteiligungsunternehmens mindern den Beteiligungsbuchwert, ohne in die Gewinn- und Verlustrechnung einzugehen.

	Anschaffungskosten der Beteiligung
+/-	anteilige noch nicht ausgeschüttete Gewinne/Verluste der Beteiligungsgesellschaft
-	vereinnahmte Gewinnausschüttung des Beteiligungsunternehmens
=	**fortgeschriebener Beteiligungsbuchwert (Equity-Wert)**

Equity Story *(equity story):* Beschreibung des Alleinstellungsmerkmals eines Börsenkandidaten.

Ergebnis je Aktie *(earnings per share):* Das Ergebnis je Aktie dient zur Beurteilung der Ertragskraft eines Unternehmens. Diese Kennziffer wird ermittelt, indem man den Jahresüberschuss nach Steuern durch die Anzahl der Aktien dividiert.

$$\text{Earnings per share} = \frac{\text{Jahresüberschuss}}{\text{Anzahl der Aktien}}$$

Eurex *(European Exchange):* Eine der weltweit größten Terminbörsen für Finanzderivate.

Euribor *(Euro Interbank Offered Rate):* Der Referenzzinssatz am europäischen Geldmarkt für einwöchige sowie Ein- bis Zwölfmonatsgelder in Euro, die zwischen Banken gehandelt werden. Er dient bei vielen Krediten und Anlageprodukten zur Bemessung des Sollzinssatzes bzw. der Rendite.

Euromarkt *(EURO market):* Er umfasst die Gesamtheit aller internationalen Finanzmärkte, auf denen finanzielle Transaktionen in einer Währung außerhalb ihres Geltungsbereiches als gesetzliches Zahlungsmittel getätigt werden.. Der Euromarkt kann nach der Laufzeit der Geschäfte in den Eurogeld- und den Eurokapitalmarkt unterteilt werden. Im **Eurogeldmark**t werden Bankguthaben der wichtigsten frei konvertierbaren Währungen (US-Dollar, Euro, Schweizer Franken, Britisches Pfund, Japanischer Yen) der Welt mit Laufzeiten bis zu einem Jahr gehandelt. Der Eurokapitalmarkt ist ein Markt für internatioanle Anleihen, die nicht auf die Währung des Emissionslandes lauten.

Eurozinsmethode *(day-count convention „actual/360"):* Bei der Eurozinsmethode werden die Zinstage eines Monats nach den tatsächlichen Tagen berechnet.

Exit *(Ausstieg):* Bezeichnet den geplanten Ausstieg eines Investors (z.B. einer Venture Capital Gesellschaft) aus einer Beteiligungsanlage zur Realisierung einer finanziellen Rendite.

Expansion Stage *(Wachstums- und Expansionsfinanzierung):* Das Unternehmen hat nach der Start-up-Phase den Break-even-Point erreicht. Das Kapital wird zur Finanzierung von zusätzlichen Produktionskapazitäten, zur Produktdiversifikation, zur Marktausweitung sowie für weiteres Betriebskapital oder auch für Übernahmen benötigt.

Factoring *(factoring):* Der Verkauf von Forderungen aus Lieferungen und Leistungen an eine Factoringgesellschaft. Für die Forderungen erhält der Kunde einen Gegenwert, der aus dem Nennwert der Forderung abzüglich der Gebühren (Zinsabzug) besteht. Darüber hinaus können auch die Verwaltung des Forderungsbestandes sowie die Übernahme des Ausfallsrisikos (Delkrederefunktion) vereinbart werden.

Fair Value Hedge *(fair value hedge):* Hierbei handelt es sich i d. R. um festverzinsliche Bilanzpositionen (z. B. eine Forderung, eine Aktie oder ein Wertpapier), die durch ein Derivat gegen das Marktpreisrisiko gesichert werden. Die Bewertung erfolgt zum Marktwert (Fair Value).

Festdarlehen: siehe endfälliges Darlehen

Festgeld *(fixed deposit):* Festgelder stellen eine Form der Termineinlage dar. Bei Abschluss wird die Laufzeit festgelegt.

Festzins *(fixed interest):* Ein bei einem Darlehen für einen bestimmten Zeitraum garantierter Zinssatz unabhängig davon, ob die allgemeinen Zinsen steigen oder fallen. Eine Kündigung des Darlehens ist in dieser Zeit nicht möglich. Nach Ablauf der Zinsbindungsfrist muss über die Kreditkonditionen neu verhandelt werden.

Fiduziarische (treuhänderische) Sicherheiten *(fiduciary securities):* Kreditsicherheiten, die unabhängig von der gesicherten Forderung Bestand haben, d. h. sie sind von der Existenz des gesicherten Anspruchs unabhängig.

Financial Convenants *(financial convenants):* Nebenbe-
stimmungen in Kreditverträgen, die bei Nichteinhaltung zur
Kreditkündigung seitens der Bank führen können. Sie verpflichten den Schuldner, während der Laufzeit Kennzahlen
einzuhalten.

Finanzderivate *(financial derivatives):* Finanzinstrumente,
deren eigener Wert aus dem Marktpreis eines oder mehrerer
originärer Basisinstrumente abgeleitet ist. Allen derivativen
Instrumenten gemeinsam ist ein auf die Zukunft gerichtetes
Vertragselement, das als Kauf- bzw. Verkaufsverpflichtung
(z. B. bei Futures und Swaps) oder aber als Option ausgestal-
tet sein kann. Der Gewinn bzw. Verlust aus einem Derivate-
Geschäft hängt davon ab, wie sich der Marktpreis im Vergleich zum vereinbarten Preis tatsächlich entwickelt.

Finanzierung *(financing):* Alle Maßnahmen, die der lang-,
mittel- und kurzfristigen Beschaffung von erforderlichem
Kapital in allen Formen (Eigen- und Fremdkapital) dienen.
Finanzierung ist eine Zahlungsreihe, die mit einer Einzahlung
beginnt.

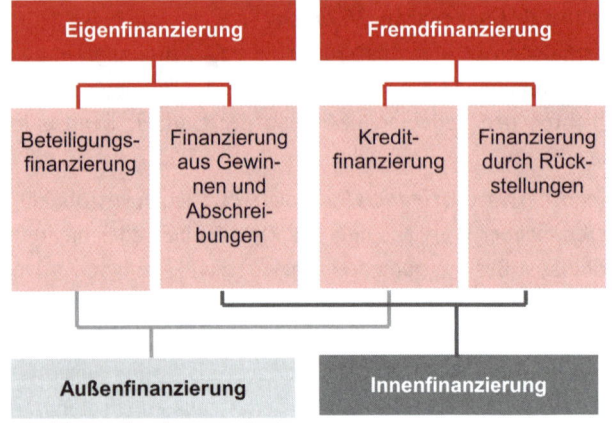

Finanzierungsformen

Finanzierungseffekt aus Rückstellungen *(financing effect from provisions):* Dieser resultiert daraus, dass der Aufwand sofort verrechnet wird, die liquiditätswirksame Auszahlung aber erst zu einem späteren Zeitpunkt erfolgt.

Finanzierungskosten *(costs of financing):* Als Finanzierungskosten bezeichnet man alle Kosten, die zur Finanzierung eines Darlehens bzw. eines Kredites aufgewendet werden müssen, mit Ausnahme der eigentlichen Rückzahlung der Darlehenssumme. Finanzierungskosten können z. B. Gebühren, Zinsen, Disagio, Bereitstellungszinsen etc. sein.

Finanzintermediär *(financial intermediary):* Institution oder Person, die das Geldkapital von Anlegern entgegennimmt und an Kapitalnehmer weitergibt oder den Handel zwischen Kapitalgebern und Kapitalnehmern erleichtert.

Finanzmarkt *(financial market):* Oberbegriff für alle Märkte, auf denen Handel mit Kapital betrieben wird. Er wird untergliedert nach den gehandelten Finanzkontrakten in Geld-, Kredit- und Kapitalmarkt sowie dem Devisenmarkt für den Austausch von Währungen.

Finanzplanung *(financial planning):* Planungsrechnung zur Sicherstellung der Zahlungsfähigkeit einer Unternehmung und zur Entscheidungsgrundlage für Investitionen und Finanzierungen.

First Quotation Board *(first quotation board):* In dieses Börsensegment werden Unternehmen aufgenommen, die ihre Erstnotiz im Open Market (Freiverkehr) der Frankfurter Wertpapierbörse haben. Es richtet sich an Unternehmen, die ihre Aktien kostengünstig fungibel machen und in den Handel einbeziehen möchten.

Fixed Rate Notes *(fixed rate notes):* Anleihen mit einer feste Nominalverzinsung, die nachschüssig gezahlt wird und jährlich fällig wird.

Floating Rate Notes *(floating rate notes):* Variabel verzinsliche Anleihen, deren Kupon sich an einem Referenzzinssatz orientiert. Dies ist bei Euro-Anleihen i. d. R. der Euribor als Geldmarktzins. Je nach Bonität des Emittenten wird auf die Referenzzinssätze (Geldmarktzins) ein Zuschlag (Spread) gezahlt, der umso höher ausfällt, je schlechter die Bonität des Schuldners ist. Bei Anleihen in Dollar und Pfund wird i. d. R. der Libor zugrunde gelegt.

Floor *(Untergrenze):* Der Floor ist eine garantierte Mindestverzinsung bei einer Floating Rate Note. Die Zinsuntergrenze ist mit dem Verkäufer des Floors vertraglich vereinbart. Dafür erhält der Verkäufer i. d. R. eine Prämie. Sinkt der Marktzins zu den Zinsfestlegungszeitpunkten für die nächste Zinsperiode unter diese Grenze, ist vom Verkäufer des Floors eine Ausgleichszahlung an den Käufer zu leisten.

Fonds *(funds):* Ein Fonds ist eine in sich geschlossene Vermögensmasse. Man kann sich einen Fonds als einen „Topf" vorstellen, in den viele Sparer Geld einlegen. Der Topf wird von Fondsmanagern verwaltet, die das eingesammelte Geld in Aktien, Anleihen, Immobilien und anderen Werten anlegen.

Forfaitierung *(forfaiting):* Der Verkauf einer mittel- oder langfristigen Exportforderung aus einem Exportgeschäft an eine Forfaitierungsgesellschaft oder ein Kreditinstitut, das zugleich auch das Zahlungsrisiko übernimmt. Der Exporteur erhält sofort Liquidität (nach Abzug von Zinsen und Gebühren).

Forward-Darlehen *(forward loan):* Darlehen, mit dem sich der Darlehensnehmer bereits zum heutigen Zeitpunkt einen Zinssatz für ein Darlehen in der nahen Zukunft sichert. Voraussetzung für die Aufnahme eines Forward-Darlehens ist i. d. R. das Vorhandensein einer Immobilie, über die eine Besicherung erfolgen kann. Häufig wird diese Form des Darlehens genutzt, wenn die Zinsfestschreibung eines bestehenden Darlehens erst in ein bis drei Jahren ausläuft, aber aufgrund des derzeit günstigen Zinsniveaus bereits eine Anschlussfinanzierung nach der Zinsbindung gesucht wird.

Forward Rate Agreement (FRA) *(forward rate agreement):* Vereinbarung eines festen Zinssatzes für einen in der Zukunft liegenden Zeitraum.

Free Cash Flow *(freier Cashflow):* Cashflow aus laufender Geschäftstätigkeit abzüglich des Cashflows aus der Investitionstätigkeit. Der Free Cash Flow steht den Eigenkapitalgebern zur Ausschüttung (Dividenden) und den Fremdkapitalgebern zur Zinszahlung und Tilgung der Kredite zur Verfügung.

Free Float *(Streubesitz):* An der Börse notierte Aktien einer Aktiengesellschaft, die nicht in festem Besitz sind, d. h. die für den Handel an der Börse zugänglich sind.

Freiverkehr *(over the counter market):* Hier werden die Aktien gehandelt, die nicht am regulierten Markt zugelassen sind. Seit Oktober 2005 bezeichnet die Frankfurter Börse den Freiverkehr als „Open Market".

Fremdfinanzierung *(debt financing):* Fremdkapital wird von Gläubigern zur Verfügung gestellt und begründet eine Rückzahlungspflicht des Unternehmens. Die wichtigsten Formen der Fremdfinanzierung sind: Bankkredit, Lieferantenkredit, Hypothekendarlehen und die Ausgabe von Anleihen, aber auch die Bildung von Rückstellungen. Die Kapitalgeber haben Anspruch auf Rückzahlung und Verzinsung des Kapitals. Im Regelfall üben Kapitalgeber keinen Einfluss auf die Geschäftsführung aus und haften auch nicht für die Schulden des Unternehmens.

Fremdkapital *(borrowed capital):* Mittel, die nicht vom Unternehmen, den Unternehmensinhabern oder Aktionären aufgebracht, sondern von anderer Seite zur Verfügung gestellt werden, z. B. durch Anleihen, Schuldverschreibungen, Kredite etc.

Frühphasen-Finanzierung: *(early stage/first stage finanzing)* Finanzierung der Frühphasenentwicklung eines Unternehmens, beginnend von der Finanzierung der Konzeption bis zum Start der Produktion und Vermarktung. In der Regel liegt ein ausgereifter Businessplan vor, das Unternehmen ist bereits gegründet und erzielt erste Umsätze.

Fungibilität *(fungibility):* Fungibel sind beispielsweise Güter, Devisen, Effekten etc., wenn sie leicht handelbar bzw. austauschbar sind.

Future *(Termingeschäfte):* Ein Future ist ein Terminkontrakt, d. h. eine Verpflichtung, eine bestimmte Ware oder ein bestimmtes Finanzinstrument zu einem festgelegten, zukünftigen Zeitpunkt zu kaufen oder zu verkaufen.

Garantie *(guarantee):* Abstraktes, d. h. vom Grundgeschäft unabhängiges Zahlungsversprechen, das an bestimmte Voraussetzungen gebunden ist.

Geldbeschaffungskosten *(financing costs):* Kosten, die im Zusammenhang mit der Beschaffung von Finanzierungsmitteln entstehen. Dazu gehören u. a. Bearbeitungskosten, Vermittlerprovisionen, Gutachterkosten sowie Notar- und Grundbuchgebühren für die Eintragung der Grundschuld. Die von der Bank erhobenen Kosten werden oft direkt vom Auszahlungsbetrag abgezogen.

Geldkurs *(bid price):* Ankauf von Wertpapieren. Zu diesem Kurs kauft die Bank Devisen.

Geldleihe *(money lending):* Bar- oder Buchgeld wird als Kontokorrentkredit, Diskontkredit oder Darlehen zur Verfügung gestellt.

Geldmarkt *(money market):* Markt für kurzfristigen Geld-handel, auf dem hauptsächlich die Banken kurzfristige Kreditgeschäfte anbieten und nachfragen.

Genehmigtes Kapital *(authorized capital):* Hier wird der Vorstand einer Aktiengesellschaft durch Beschluss auf der Hauptversammlung ermächtigt, das Grundkapital innerhalb von fünf Jahren bis zu einem festgelegten Maximalbetrag (max. 50 % des bisherigen Grundkapitals) zu erhöhen.

General Standard *(general standard):* Listing-Segment der Frankfurter Wertpapierbörse. Die Zulassung zum General Standard bedarf keiner Mitwirkung der Emittenten und erfolgt automatisch im regulierten Markt. Gegenüber dem Prime Standard sind die geforderten Standards niedriger.

Genussrecht *(participation right):* Ein schuldrechtliches Kapitalüberlassungsverhältnis. Der Genussrechtsinhaber stellt dem Genussrechtsemittenten das Genusskapital zur Verfügung. Dafür erhält er eine gewinnabhängige Dividende.

Genussscheine *(participation certificates):* Ein Wertpapier, das ein Vermögensrecht (z. B. einen Anteil am Gewinn bzw. an der Wertsteigerung eines Unternehmensanteiles) verbrieft, jedoch ohne Mitgliedschaftsrechte (d. h. weder Teilnahme- noch Stimmrechte auf der Hauptversammlung einer AG) und i. d. R. nur von begrenzter Laufzeit ist.

Genussschein-Kapital *(participation certificates capital):* Anlageform zwischen Aktie und Anleihe. Das gesetzlich nicht geregelte Wertpapier verbrieft verschiedene Genussrechte. Wie eine Anleihe gewähren die „Genüsse" regelmäßig die Rückzahlung des Anlagebetrages zum Nominalwert am Laufzeitende und einen grundsätzlichen Anspruch auf eine jährliche Verzinsung. Die Zinsen auf das Genussschein-Kapital werden in der Regel nur gezahlt, wenn das Unternehmen Gewinn erwirtschaftet. Im Verlustfall nimmt das Genussschein-Kapital voll am Verlust teil und ist nicht vorrangig geschützt.

Geregelter Markt *(regulated market):* Der geregelte Markt wurde am 1. 11. 2007 in den regulierten Markt überführt.

Geschlossener Fonds *(closed-end funds):* Unternehmerische Beteiligungen mit einer vorher festgelegten Laufzeit. Beispiele für geschlossene Fonds sind: Private-Equity-Fonds, Schiffsfonds oder Immobilienfonds. In einen geschlossenen Fonds kann nur während des Platzierungszeitraumes investiert werden, danach ist eine weitere Ausgabe bzw. Rücknahme von Fondsanteilen durch die Fondsgesellschaft ausgeschlossen.

Gesellschafterdarlehen *(shareholder loan):* Fremdkapital, das von den Gesellschaftern dem Unternehmen zur Verfügung gestellt wird. Dies kann aus steuerlichen oder machtpolitischen Gründen geschehen.

Gewerbesteuer *(trade tax):* Eine kommunale Steuer, die Gewerbebetrieben von Gemeinden auferlegt wird. Über den Gewerbesteuerhebesatz haben die Gemeinden Einfluss auf die Steuerhöhe. Gewerbebetriebe können die Steuerbelastung durch die Wahl des Standortes beeinflussen.

Gewinnschuldverschreibung *(income bond):* Unternehmensanleihe, die dem Inhaber zusätzlich zur festen Grundverzinsung einen Anspruch auf einen variablen Anteil am

Reingewinn des Unternehmens verbrieft. In der Regel wird der variable Gewinnanteil von der Höhe der Dividende abhängig gemacht. Die feste Grundverzinsung ist dabei niedriger als bei vergleichbaren Anleihen ohne Gewinnbeteiligung.

Gewinnthesaurierung *(profit retension):* Sie stellt die Selbstfinanzierung aus einbehaltenen versteuerten Gewinnen dar. Durch die Gewinnthesaurierung werden Rücklagen des Unternehmens erhöht.

Gläubiger *(creditor):* Derjenige, der von einem Schuldner eine Geldleistung oder Unterlassung fordern kann.

Gläubigerpapiere *(debt securities):* Wertpapiere, die eine schuldrechtliche Verpflichtung verbriefen und dem Inhaber ein Forderungsrecht gegenüber dem Emittenten gewähren. Da der Schuldner seine Verbindlichkeit zurückzahlen muss, handelt es sich um Tilgungsanleihen.

Globalzession *(global assignment):* Der Kreditnehmer vereinbart mit seiner Bank, dass sämtliche Forderungen an die Bank abgetreten sind, die gegenüber bestimmten Kunden oder aus bestimmten Gründen innerhalb eines festgelegten Zeitraums bestehen und in der Zukunft entstehen. Die künftig entstehenden Forderungen gehen somit im Zeitpunkt ihres Entstehens sofort auf den Kreditgeber über. Die Übersendung von Rechnungskopien oder Debitorenlisten, die regelmäßig verlangt werden, dienen nur zur Nachprüfung des Bestandes der abgetretenen Forderungen (deklaratorische Wirkung der Einreichung).

Going private *(going private):* Ein Going Private bezeichnet die Umwandlung einer börsennotierten Publikumsgesellschaft in eine nicht mehr börsennotierte private Gesellschaft.

Going public *(Börsengang):* Going public bezeichnet den erstmaligen Gang an die Börse.

Goldene Finanzierungsregel *(golden rule for financing):* Die Goldene Finanzierungsregel fordert, dass die Dauer der Kapitalbindung im Vermögen nicht länger als die Dauer der Kapitalüberlassung sein soll. Langfristig gebundenes Vermögen sollte durch langfristiges Kapital, kurzfristig gebundenes Vermögen durch kurzfristiges Kapital finanziert werden.

Greenshoe *(greenshoe):* Bezeichnung für das Volumen an Mehrzuteilungen, die bei einer überzeichneten Emission durch das verantwortliche Konsortium eingeräumt werden.

Grauer Kapitalmarkt *(gray capital market):* Unreglementierter, schwer abgrenzbarer Kapitalmarkt, auf dem Objekte gehandelt werden, die nicht auf dem organisierten Markt vertreten sind.

Grunderwerbsteuer *(land transfer tax):* Steuerliche Belastung beim Kauf oder Erwerb von bebauten und unbebauten Grundstücken sowie Immobilien. Seit dem1. 1. 1997 beträgt sie 3,5 % des Kaufpreises.

Grundschuld *(land charge):* Wird im Grundbuch eingetragen. Sie bleibt in ihrer Höhe unverändert und lässt sich in der Höhe bereits erfolgter Tilgungen als Finanzierungspolster nutzen.

Hausse *(boom/bull market):* Ein länger anhaltender starker Kursanstieg der Wertpapierkurse auf breiter Basis. Gegenteil: Baisse.

HDAX *(HDAX):* Börsenindex, der von der Deutschen Börse berechnet wird und 110 Werte umfasst: Die 30 Werte des DAX, die 50 Werte des MDAX und die 30 Werte des TecDAX bilden zusammen das Indexportfolio von HDAX. Er stellt somit einen verbreiterten Blue-Chip-Index dar, der über sämtliche Branchen des Prime-Segments geht.

Hebelzertifikate *(leveraged certificate, knock-out certificate, turbo):* Hebelzertifikate funktionieren ähnlich wie Optionsscheine, allerdings spielen zwischenzeitliche Wertschwankungen des Basiswertes keine Rolle. Zudem gibt es eine Knock-out-Schwelle (Strike). Fällt der Basiswert (bei Calls) unter diese Grenze, verfällt das Zertifikat wertlos. Dafür fallen die Gewinnchancen höher aus. Steigt z. B. der Kurs des Basiswertes um 5 Punkte, so steigt bei einem Hebel von 10 der Kurs des Hebelzertifikates um 50 Punkte.

Hedgefonds *(hedge funds):* Dies ist ein i. d. R. gering regulierter Anlagefonds, der grundsätzlich keiner Kontrolle unterliegt. Hedgefonds investieren in die unterschiedlichsten Bereiche. Dies können Derivate, Devisen, Anleihen, Aktien, Rohstoffe u.a. sein. Sie streben eine möglichst schnelle und hohe Vermehrung des angelegten Gelds an, hierzu gehen sie aber auch sehr spekulative Anlageformen wie Baisse-Spekulationen und (Waren-) Termingeschäfte ein Dach-Hedgefonds investieren nicht direkt in Kapitalanlagen, sondern ganz oder teilweise in andere Hedgefonds.

Hedging (Absicherung): Als Hedging bezeichnet man die strukturierte Absicherung von Kurs-, Währungs-, Preisrisiken o. Ä. durch den Abschluss eines Options- oder Termingeschäfts.

Hybridanleihe *(hybrid bond):* Diese eigenkapitalähnliche nachrangige Unternehmensanleihe bietet gegenüber konventionellen Unternehmensanleihen einen überdurchschnittlichen Zinsaufschlag; oftmals beträgt das Plus 2 bis 4 %. Die Laufzeit der Anleihen ist nicht begrenzt. Der Emittent hat jedoch die Möglichkeit, sie zu einem vorher festgelegten Termin zu kündigen. Außerdem können die vereinbarten Zinszahlungen unter bestimmten Bedingungen ausgesetzt bzw. verschoben werden.

Hypothek *(mortgage):* Pfandrecht an einer Immobilie zur Kreditsicherung. Eine Hypothek ist an die Höhe der Forderung gebunden, sie vermindert sich mit jeder Tilgungszahlung.

Index-Aktien *(index stocks):* Börsengehandelte Indexfonds, die den zugehörigen Index eins zu eins abbilden und deren Anteile wie eine Aktie während der Handelszeiten fortlaufend gekauft sowie veräußert werden können.

Indossament *(endorsement):* Übertragung eines Orderpapiers, wodurch der bisherige Inhaber das Eigentum und alle Rechte aus dem Papier an den neuen Inhaber abgibt. Schriftliche Übertragungserklärung auf der Rückseite von Orderpapieren (z. B. bei einem Wechsel oder Scheck).

Industrie-Clearing *(industry clearing):* Bezeichnung für kurzfristige Geldgeschäfte zwischen Nichtbanken zum Zweck eines Liquiditätsausgleichs. Es geht dabei ausschließlich um kurzfristige Geldgeschäfte ohne die Kopplung an ein leistungswirtschaftliches Grundgeschäft. Beim Industrie-Clearing handelt es sich sozusagen um einen Geldmarkt unter Bankkunden unter Ausschaltung der Banken. Ursache für die Entstehung von Industrie-Clearing war die Absicht, durch direkte Kreditgeschäfte die Geschäftsbanken auszuschalten und Ertrags- bzw. Kostenvorteile zu erwirtschaften. Partner im Industrie-Clearing sind nur Unternehmen erster Bonität.

Industrieobligation *(industrial bond):* Eine Anleihe eines privaten Unternehmens. Eine langfristige Schuldverschreibung, die in Teilschuldverschreibungen gestückelt, festverzinslich und börsengängig ist.

Inhaber-Stückaktie *(bearer unit share):* Nennwertlose Aktie, die auf keinen bestimmten Namen lautet (im Gegensatz zur Namensaktie). Das Eigentum wird durch Einigung und Übergang erworben.

Initial Public Offering (IPO) *(Börsengang):* US-amerikanische Bezeichnung für eine Erstemission von Aktien bislang nicht börsennotierter Unternehmen.

Inkasso *(collection):* Als Inkasso bezeichnet man die Einziehung fälliger Forderungen.

Innenfinanzierung *(internal financinig):* Finanzierung durch Mittel, die vom Unternehmen selbst erwirtschaftet wurden. Zur Innenfinanzierung zählen die offene und verdeckte Selbstfinanzierung sowie die Finanzierung aus Rückstellungen, Abschreibungen und durch Vermögensumschichtung. Im Rahmen der Innenfinanzierung werden die finanziellen Mittel vom Unternehmen selbst aufgebracht.

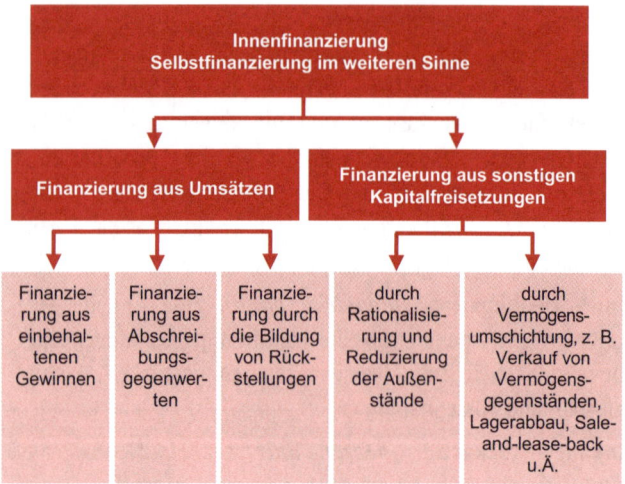

Formen der Innenfinanzierung

Innerer Wert *(intrinsic value):* Er ergibt sich bei einer Option aus der Differenz zwischen Basispreis und Kassapreis des Basiswertes. Bei Put-Optionen gibt es einen inneren Wert, wenn der Basispreis höher ist als der Kassapreis. Bei Call-Optionen berechnet sich der innere Wert aus der positiven Differenz zwischen höherem Kassa- und niedrigerem Basispreis.

Insolvenz *(insolvency):* Insolvenz bezeichnet die Zahlungsunfähigkeit eines Unternehmens. Diese liegt dann vor, wenn das Unternehmen seine fälligen Zahlungen nicht mehr leistet bzw. leisten kann oder eine Überschuldung vorliegt (die Schulden sind höher als das Vermögen). Der Antrag auf Eröffnung eines Insolvenzverfahrens muss beim Amtsgericht durch die berechtigten juristischen Personen beantragt werden, etwa den Geschäftsführer einer GmbH. Erfolgt dies nicht rechtzeitig innerhalb einer gewissen Frist, können sich Unternehmer der Verschleppung einer Insolvenz schuldig machen.

Investor Relations *(Investorenbeziehungen):* Aktive und gezielte Pflege der Beziehungen einer AG zu ihren Aktionären (Anteilseigner, Investoren), positive Publizität (laufende Informationen über das Unternehmen und deren Geschäftsentwicklung) gegenüber den Anteilseignern, aber auch Imagepflege und Kurspflege.

Joint Venture *(joint venture):* Gemeinschaftsunternehmen, an dem mindestens zwei voneinander unabhängige Unternehmen beteiligt sind. Die beteiligten Unternehmen bringen dabei die Produktionsfaktoren ein, über die sie bevorzugt verfügen.

Junge Aktien *(new shares):* Aktien, die bei einer Kapitalerhöhung ausgegeben wurden. Die bisherigen Aktionäre haben für solche Aktien i. d. R. ein Bezugsrecht.

Kapazitätserweiterungseffekt *(capacity extension effect):* Auch Lohmann-Ruchti-Effekt genannt. Der Effekt beruht auf der Rückflussfinanzierung aus den erwirtschafteten Abschreibungen. Die Produktionsanlagen befinden sich meist über mehrere Jahre im Einsatz, sodass die Abschreibungsgegenwerte zunächst nicht zur Ersatzbeschaffung benötigt werden. Werden die erwirtschafteten Abschreibungsgegenwerte zur Anschaffung weiterer Produktionsanlagen verwendet, führt dies zu einer Kapazitätserweiterung bei gleichbleibendem Kapitaleinsatz und zu einem veränderten Altersaufbau der Produktionsanlagen. Der Kapazitätserweiterungsfaktor (KEF) gibt dabei die Anzahl der Geräte und Systeme an, auf die sich der Kapazitätserweiterungseffekt einpendelt. Er kann nach folgender Formel berechnet werden:

$$KEF = \frac{2n}{n + 1} = \frac{2}{n + \frac{1}{n}}$$

Kapital *(capital):* Summe der geldwertmäßigen Sach- und Finanzmittel, die einer Unternehmung von Eigentümern und Fremdkapitalgebern zur Verfügung gestellt werden.

Kapitalbedarf *(capital requirements):* Entsteht, wenn die Ein- und Auszahlungen im Zeitablauf nicht deckungsgleich sind. Bei einem Auszahlungsüberschuss innerhalb einer Periode muss ein Unternehmen die erforderlichen finanziellen Mittel zum Ausgleich des Kapitalbedarfs sicherstellen, um die Liquidität zu wahren. Zur Kapitalbedarfsdeckung eignet sich Eigenkapital und Fremdkapital.

Kapitalbeteiligungsgesellschaften *(equity investment companies):* Gesellschaften, meist in der Form einer GmbH, die sich an mittelständischen Unternehmen beteiligen, denen der Zugang zum organisierten Kapitalmarkt versperrt ist.

Kapitaldienst *(net debt service):* Kapitaldienst bezeichnet die mit einer Aufnahme von Fremdkapital (z. B. Darlehen, Anleihe) verbundene Verpflichtung des Schuldners zur Zahlung von Zinsen und Tilgung.

Kapitaldienstfähigkeit *(debt service cover):* Ein Kreditnehmer ist kapitaldienstfähig, wenn er alle Zahlungsverpflichtungen (Zinsen und Tilgung) eines Darlehens aus seinen laufenden Einkünften bedienen kann. Die Kapitaldienstfähigkeit wird vor jeder Darlehensvergabe überprüft.

Kapitalerhöhung (ordentliche) *(regular capital increase):* Erhöhung des Eigenkapitals. Bei einer Aktiengesellschaft erfolgt sie aufgrund einer Beschlussfassung der Hauptversammlung und durch die Ausgabe neuer Aktien. Im Normalfall wird den Altaktionären ein Bezugsrecht eingeräumt.

Kapitalerhöhung (bedingte) *(conditional capital increase):* Sie ist vorgesehen für die Ausgabe von Wandelschuldverschreibungen, die Vorbereitung von Unternehmensfusionen und die Gewährung von Bezugsrechten an eigene Mitarbeiter.

Kapitalflussrechnung *(cash flow statement):* Ermittlung und Darstellung des Zahlungsflusses, den ein Unternehmen in einem Geschäftsjahr aus laufender Geschäfts-, Investitions- und Finanzierungstätigkeit erwirtschaftet oder verbraucht hat. Zudem wird der Zahlungsmittelbestand (liquide Mittel) zu Beginn mit dem Betrag am Ende des Geschäftsjahres verglichen. Mithilfe der Kapitalflussrechnung wird die Fähigkeit eines Unternehmens beurteilt, Zahlungsmittel und Zahlungsmitteläquivalente zu erwirtschaften.

Kapitalfreisetzungseffekt (release capital effect): Der Kapitalfreisetzungseffekt basiert auf der Finanzierung aus Abschreibungsgegenwerten. Die bilanziellen Abschreibungen verringern den Gewinn und damit die Steuerzahlungen.

Wenn dem Unternehmen die Abschreibungen durch die Ver-
kaufserlöse wieder zurückfließen, erfolgt die Freisetzung des
investierten Kapitals, über welches das Unternehmen bis zur
Reinvestition verfügen kann.

Kapitalmarkt *(capital market):* Sammelbegriff für alle
Märkte, auf denen langfristige Kredite und Beteiligungskapital gehandelt werden. Im engeren Sinne wird unter Kapitalmarkt nur der organisierte Handel in Wertpapieren verstanden (Börse). Der Wertpapiermarkt gliedert sich wiederum in
den Rentenmarkt (Markt für Schuldverschreibungen) und den
Aktienmarkt (Markt für Beteiligungen an Aktiengesellschaften). Zum Wertpapiermarkt zählen auch Zertifikate der Investmentfonds.

Kapitalmarktzins *(capital market interest):* Zins für die
langfristige Überlassung von Kapital.

Kapitalsammelstellen *(institutional investors):* Institutionen und Unternehmen, bei denen sich laufend langfristige
Mittel in größerem Umfang ansammeln, z. B. Kreditinstitute,
Versicherungen, Pensionskassen, Investmentgesellschaften
und Sozialversicherungsträger.

Kassageschäft *(spot transaction):* Ein Geschäft an der Börse, bei dem die Erfüllung sofort oder ganz kurzfristig (i. d. R.
längstens zwei Börsentage) erfolgt – im Gegensatz zum Termingeschäft, das erst zu einem späteren Zeitpunkt zu erfüllen ist.

Kernkapital (Tier-1-Capital) *(core capital):* Teil des (haf-
tenden) Eigenkapitals mit der höchsten Haftungsqualität.
Beschränkt sich auf die Eigenmittel, die eingezahlt wurden

und dem Unternehmen dauerhaft zur Verfügung stehen, z. B. das eingezahlte Grund- und Stammkapital.

Konnossement *(bill of lading):* Damit bestätigt der Reeder (bei Seefracht) den Empfang der Güter und verpflichtet sich, die Ware am Bestimmungshafen auszuliefern. Die Ware darf nur gegen Vorlage des Original-Konnossements ausgehändigt werden. Somit repräsentiert das Konnossement die Ware.

Konsolidierung *(financial restructuring):* Umwandlung von Schulden in Eigenkapital oder in längerfristige Schulden, z. B. durch Ausgabe einer Anleihe oder Aufnahme langfristiger Bankkredite.

Konsortialkredit *(syndicated credit, consortium loan):* Gemeinschaftskredit von einem Konsortium von Banken.

Konsortium *(consortium, syndicate):* Vereinigung von Personen oder Unternehmen zur Durchführung einer gemeinsamen Aufgabe. Konsortien haben vor allem im Finanzwesen eine Bedeutung, etwa bei der Emission von Wertpapieren.

Kontokorrentkonto *(current account):* Bankkonto, über das jederzeit durch Einzahlungen, Bankabhebung, Scheck und Überweisung verfügt werden kann. Es wird häufig auch als laufendes Konto oder Girokonto bezeichnet.

Kontokorrentkredit (KK-Kredit) *(overdraft):* Bei einem Kontokorrentkredit erhält der Bankkunde die Erlaubnis, sein Konto je nach Bedarf bis zu einem vertraglich vereinbarten Höchstbetrag (Kreditlinie) zu überziehen. Ein Kontokorrentkredit dient der Liquiditätssicherung.

Kredit *(credit, loan):* Der Kreditgeber (Gläubiger) gewährt heute eine Leistung, deren Gegenleistung der Kreditnehmer (Schuldner) erst in der Zukunft zu erbringen hat. Der Kreditgeber verzichtet somit für einen bestimmten Zeitraum auf die Nutzung seines Kapitals und erhält i. d. R. als Gegenleistung dafür Zinsen.

Kreditauftrag *(guarantee agreement):* Der Kreditauftrag ist mit der Bürgschaft verwandt. Danach haftet derjenige wie ein Bürge, der einen anderen beauftragt, im eigenen Namen und auf eigene Rechnung einem Dritten Kredit zu gewähren. Die Bestimmungen für die Bürgschaft finden entsprechende Anwendung.

Kreditderivate *(credit derivates):* Finanzinstrumente, die das Kreditrisiko von einem zugrunde liegenden Finanzierungsgeschäft trennen und Kreditrisiken, die z. B. mit Anleihen, Krediten, Darlehen verbunden sind, auf den Sicherungsgeber übertragen. Die Kreditbeziehungen der Sicherungsnehmer werden dabei nicht verändert.

Kreditfähigkeit *(creditworthiness):* Kreditfähig ist jeder, der in der Lage ist, rechtsgültige Kreditgeschäfte abzuschließen, d. h. sich rechtswirksam gegenüber einer Bank zu verpflichten.

Kreditleihe *(guarantee loan):* Kreditgeschäft, bei dem ein Kreditinsitut dem Kunden seine eigene Kreditwürdigkeit zur Verfügung stellt. Nur wenn der Kunde seinen vertraglichen Verpflichtungen nicht nachkommt, werden die Mittel des Kreditinstituts beansprucht.

Kreditorenlaufzeit *(days payables outstanding):* Die Kreditorenlaufzeit gibt an, nach wie viel Tagen Lieferanten durchschnittlich von ihren Kunden bezahlt werden. Eine Erhöhung des Lieferantenziels deutet auf eine Verschlechterung der finanziellen Situation im Unternehmen hin.

Kundenkredit *(retail credit):* Ein Unternehmen erhält einen zinslosen Kredit von seinen Kunden, indem diese bei der Bestellung eine Anzahlung leisten oder während der Herstellung des Produktes Abschlagszahlungen leisten.

Kupon *(coupon):* Bezeichnung für Dividenden- oder Zinsschein.

Kurs *(price, exchange rate, quotation):* Preis, zu dem ein Wertpapier/Finanzinstrument an der Börse gehandelt wird.

Kurs-/Cashflow-Verhältnis (KCV) *(price/cash flow ratio):* Das KCV wird berechnet, indem man den Aktienkurs durch den Cashflow je Aktie teilt. Dieser Wert kann als Vergleichswert für Unternehmen der gleichen Branche im Rahmen einer Fundamentalanalyse herangezogen werden.

Kurs-Gewinn-Verhältnis (KGV) *(price-earnings ratio):* Eine wichtige Kennzahl bei der Börsenbewertung von Aktien, insbesondere beim Vergleich von Unternehmen mit ähnlichen Geschäftsprofilen innerhalb einer Branche (Vergleichsunternehmen). Zur Ermittlung des KGV wird der Börsenkurs ins Verhältnis zum Ergebnis je Aktie gesetzt. Die Relation gibt an, wie viele Male der Reingewinn pro Aktie im Aktienkurs enthalten ist.

Lastschriftverfahren *(direct debiting system):* Einzug regelmäßig anfallender Geldforderungen durch den Zahlungsempfänger über Girokonten.

LBO (Leveraged Buy-Out) *(leveraged buy-out):* Akquisition von Unternehmen oder Teilen davon durch Private Equity-Firmen, wobei der Kauf zum größten Anteil kreditfinanziert ist. Die Zins- und Tilgungszahlungen werden i. d. R. aus dem zukünftigen Cashflow des übernommenen Unternehmens oder dem Verkauf von Unternehmensteilen finanziert.

Leasing *(leasing):* Leasing ist die miet- oder pachtweise Überlassung von Vermögensgegenständen durch deren Hersteller oder durch Leasinggesellschaften. Dabei wird für einen bestimmten Zeitraum (Grundmietzeit) ein zumeist unkündbarer Leasingvertrag (Finanzierungsleasing) geschlossen.

Leverage-Effekt *(leverage effect):* Der Leverage-Effekt beschreibt die Möglichkeit einer Steigerung der Eigenkapitalrentabilität durch den zusätzlichen Einsatz von Fremdkapital. Dieser Effekt lässt sich nutzen, solange die Gesamtkapitalrendite höher ist als der Fremdkapitalzinssatz. Der zusätzliche Einsatz von Fremdkapital muss eine Gewinnsteigerung bewirken, d. h. die Rendite der mit diesem Fremdkapital durchgeführten Investition muss höher sein als der Kostensatz des Fremdkapitals (Grenzrendite der Kapitalverwendung > Grenzkostensatz der Fremdfinanzierung).

Libor *(Libor; London Interbank Offered Rate):* Referenzzinssatz für Interbankenhandel am Geldmarkt in London.

Lieferantenkredit *(trade credit):* Kredit, den Lieferanten ihren Kunden durch die Gewährung eines Zahlungsziels einräumen. Der Lieferantenkredit zählt neben den kurz- und langfristigen Bankfinanzierungen zu den wichtigsten Finanzierungsformen für Unternehmen. Der Kunde muss eine Rechnung nicht sofort bei Erhalt bezahlen, da der Lieferant einen Zahlungsaufschub gewährt. Die erhaltene Ware kann bereits genutzt werden, etwa für eigene Verkäufe. Somit können aus den erzielten Einnahmen die Lieferantenrechnungen bezahlt werden.

Liquidität *(liquidity):* Die Fähigkeit eines Unternehmens, laufende Zahlungsverpflichtungen termingerecht und vollständig zu erfüllen.

Liquiditätsplanung *(liquidity budgeting):* Ein Element der Unternehmensplanung, mit dem die Zahlungsströme des Unternehmens geplant werden. Mit der vollständigen, zeitpunkt- und betragsgenauen Aufstellung der im Unternehmen anfallenden Ein- und Auszahlungen wird der Finanzmittelbedarf der Periode ermittelt. Die Sicherung der Liquidität ist für alle Unternehmen die wichtigste Zielsetzung, noch vor dem Streben nach Rentabilität.

Liquidation *(liquidation):* Die Liquidation stellt das Ende der unternehmerischen Tätigkeit dar.

Listing *(listing):* Die Aufnahme einer Aktiengesellschaft an der Börse. Deren Aktien werden an der Börse gelistet und sind somit zum Handel zugelassen.

Lombardkredit *(collateral loan, lombard credit):* Verzinsliches Darlehen, das die Deutsche Bundesbank bis Ende 1998 gegen Verpfändung von Wertpapieren einräumte. Beim Eurosystem wird diese Funktion von der sog. Spitzenrefinanzierungsfazilität ausgefüllt.

Lombardsatz *(bank rate for collateral loans, lombard rate):* Zinssatz, zu dem die Deutsche Bundesbank bis Ende 1998 Lombardkredite gewährte.

Management-buy-in *(MBI):* Die Übernahme eines Unternehmens durch fremde Manager, die oft von einem Investor unterstützt werden.

Management-buy-out *(MBO):* Der Kauf eines Unternehmens durch das vorhandene Management bezeichnet; die bisherigen Anteilseigner werden durch Aufkauf ihrer Anteile abgefunden. Die Finanzierung erfolgt häufig durch Kapitalzahlungen des übernehmenden Managements und mithilfe von Private-Equity-Investoren.

Marge *(margin):* Dies ist die Differenz zwischen den Zinssätzen im Kredit- oder Einlagengeschäft einer Bank zu einem Referenzzinssatz.

Mantelzession *(assignment):* Der Kreditnehmer verpflichtet sich, laufend Forderungen in Höhe eines bestimmten Gesamtbetrages an die Bank abzutreten. Die Abtretung erfolgt erst mit der Übergabe der betreffenden Rechnungskopien oder Debitorenlisten (konstitutive Wirkung der Einreichung).

Marktkapitalisierung *(market capitalisation):* Börsenkapitalisierung, bei der alle Aktien eines Unternehmens mit dem aktuellen Börsenkurs multipliziert werden.

Marktsegmente *(market segments):* Bei der Zulassung von Aktien unterscheidet man zwischen dem General Standard einerseits, dem Segment mit den gesetzlichen Mindestanforderungen des regulierten Marktes, und dem Prime Standard andererseits, dem Segment mit den zusätzlichen internationalen Transparenzstandards. Der Freiverkehr (Open Market) stellt mit der Aufnahme in das First Quotation Board oder in den Entry Standard das dritte Segment der Deutschen Börse dar. Die Aufnahmekriterien für den Freiverkehr sind deutlich geringer als im General Standard und im Prime Standard.

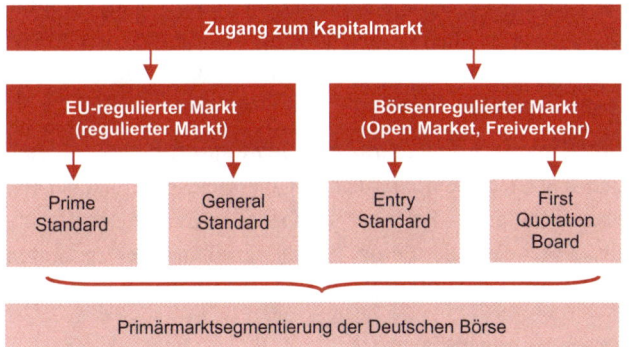

Marktsegmente

MDAX, abgekürzt für Mid–cap–DAX *(MDAX):* Er umfasst hinsichtlich Börsenumsatz und Marktkapitalisierung die 50 größten deutschen und ausländischen börsennotierten Unternehmen unterhalb des DAX.

Mergers & Acquisitions (M & A) *(mergers & acquisitions):* Die Vermittlung/ Beratung von Käufen und Verkäufen von Unternehmen oder Unternehmensteilen sowie die Zusammenführung (Fusion) von Unternehmen.

Mezzanine-Kapital *(mezzanine capital):* Mischform aus Eigen- und Fremdkapital, das je nach Ausgestaltung stärker eigen- bzw. fremdkapitalähnliche Züge aufweist. Gebräuchliche Formen sind u. a. nachrangige Darlehen, Gesellschafterdarlehen, stille Beteiligungen, Genussscheine, Wandel- und Optionsanleihen oder auch Vorzugsaktien.

Mindestreserve *(minimum reserve):* Unverzinsliche Einlage von Geschäftsbanken bei der EZB (Europäische Zentralbank). Die Höhe dieser Einlage wird von der EZB festgelegt, um die Geldmenge zu steuern. Die Höhe der Mindestreservesätze ist abhängig von der Art der Einlagen, die die Anleger bei den Geschäftsbanken tätigen.

Mitbürgschaft *(collateral bail, joint surety):* Mehrere Bürgen haften gemeinschaftlich für die gleiche Verbindlichkeit eines Schuldners. Bei einer solidarischen Mitbürgschaft haftet jeder einzelne Bürge für die Erfüllung der gesamten Hauptschuld.

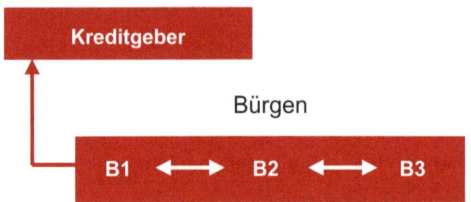

Mitbürgschaft

Moratorium *(moratorium):* Zahlungsaufschub, der einem in Schwierigkeiten geratenen Schuldner von den Gläubigern gewährt wird, v. a. dann, wenn der Schuldner sich nur in vorübergehenden Zahlungsschwierigkeiten befindet.

Mündelsicher *(absolutely safe):* Bei mündelsicheren Anlageformen sind Wertverluste praktisch ausgeschlossen.

Nachrangdarlehen *(subordinated loan):* Nachrangdarlehen zeichnen sich dadurch aus, dass der Darlehensgeber im Rang hinter die Forderungen aller übrigen Fremdkapitalgeber zurücktritt und die Darlehen somit einen eigenkapitalähnlichen Charakter haben. Normalerweise werden keine Sicherheiten benötigt. Die Verzinsung ist i. d. R. höher als bei Bankkrediten, zusätzlich kann eine variable Gewinnkomponente vereinbart werden.

Namensaktien *(registered shares):* Namensaktien sind Orderpapiere. Sie sind auf den Namen des Inhabers lautende Wertpapiere. Im Aktienbuch des Unternehmens wird der Name des Aktionärs eingetragen. Die Übertragung erfolgt durch Einigung, Übergabe und schriftliche Abtretungserklärung (Indossament) auf der Rückseite der Aktienurkunde.

NASDAQ (National Association of Security Dealer's Automated Quotation System): Elektronisches Handelssystem für Wachstumswerte in den USA. Der NASDAQ ist der expansivste Aktienmarkt in den USA und mit über 5.000 notierten Unternehmen die größte Computerbörse. Der dazugehörige Index heißt NASDAQ-Composite.

Nebenwerte *(small Caps):* Aktien, die seltener gehandelt werden. Sie gehören i. d. R. kleinen Aktiengesellschaften, die nicht im Blickpunkt des allgemeinen Anlageinteresses stehen.

Negativerklärung *(negative pledge):* Erklärung des Kreditnehmers gegenüber der Bank, während der Inanspruchnahme des Bankkredites ohne Einverständnis der Bank seine Vermögenswerte nicht zu veräußern oder zu belasten (insbesondere den Grundbesitz).

Negoziierungskredit *(negotiation credit):* Allgemeine Form des Diskontkredits, die sich im Außenhandelsgeschäft herausgebildet hat.

Nennwertaktien *(pare value share):* Sie lauten auf einen Betrag von einem Euro oder ein Vielfaches davon. Der Nennwert ist eine rein rechnerische Größe, die die Höhe des Anteils der einzelnen Aktie am Grundkapital darstellt. Die Summe der Nennwerte aller Aktien, die eine AG hat, ergibt das Grundkapital.

Netting *(netting):* Allgemein verwendeter Begriff für die Saldierung von Forderungen und Verbindlichkeiten bzw. für deren Verrechnung in sonstiger Weise.

Nettofinanzschulden *(net financial liabilities):* Sie ergeben sich allgemein aus der Gegenüberstellung finanzieller Verbindlichkeiten und finanzieller Guthaben. Häufig ermittelt man die Nettofinanzschulden, indem man von der Summe aller Finanzverbindlichkeiten die flüssigen Mittel und die Wertpapiere abzieht.

Net Working Capital *(Nettoumlaufvermögen):* Es berechnet sich aus dem Umlaufvermögen abzüglich der liquiden Mittel und abzüglich des kurzfristigen Fremdkapitals.

Neuemission *(new issue):* Ausgabe neuer festverzinslicher Wertpapiere bzw. neuer Aktien.

Nießbrauch *(usufruct):* Nutzungsrecht an einer Sache.

Nikkei 225: Bedeutender Aktien-Index der Tokioter Börse, der 225 Werte umfasst.

Nominalzinssatz *(nominal interest rate):* Zinssatz, der jährlich für z. B. ein aufgenommenes Darlehen zu entrichten ist. Er wird auf den Nominalbetrag des Darlehens berechnet, ist niedriger als der Effektivzins und wird deshalb in vielen Angeboten hervorgehoben.

Null-Kupon-Anleihen *(zero coupon bonds):* Langfristige Anleihen, die in abgezinster Form ausgegeben werden. Die Verzinsung liegt in der Differenz zwischen Ausgabekurs und Rückzahlungspreis. Die Null-Kupon-Anleihen bieten keine laufenden Zinszahlungen. Die Zinszahlungen erfolgen ausschließlich mit der endfälligen Tilgung.

NYSE: Abkürzung für die New York Stock Exchange, die bedeutendste amerikanischen Wertpapierbörse.

Offene Selbstfinanzierung *(self financing):* Der einbehaltene Gewinn wird offen ausgewiesen und dem Eigenkapital zugeführt.

Option *(option):* Eine Option beinhaltet das Recht, einen zugrunde liegenden Optionsgegenstand (z. B. Devisen oder Wertpapiere) von einem Vertragspartner zu einem vorher bestimmten Zeitpunkt (europäische Option) bzw. in einem vorher bestimmten Zeitraum (amerikanische Option) zu einem im Voraus fest vereinbarten Preis zu kaufen (Call-Option) oder an diesen zu verkaufen (Pull-Option). Optionen können vor Fälligkeit gehandelt werden.

Optionsscheine *(warrants):* Anleger setzen mit Options-scheinen auf steigende (Call) oder fallende (Put) Kurse eines Basiswertes in einem bestimmten Zeitraum. Da der Kapital-einsatz niedriger ist als der Preis des Basiswertes, können hohe Gewinne erzielt werden. Auf der anderen Seite droht ein Totalverlust, wenn die Spekulation ins Leere läuft.

Optionsanleihe *(option bond):* Eine Optionsanleihe bietet dem Anleger neben der (relativ) sicheren Zins- und Tilgungs-zahlung das Recht, Aktien der emittierenden Gesellschaft zu einem fixierten Preis innerhalb einer festgelegten Frist zu erwerben, ohne die Anleihe einzutauschen.

Ordentliche Kapitalerhöhung *(ordinary capital increase):* Erhöhung des Grundkapitals durch die Ausgabe neuer Aktien.

Over the Counter (OTC) *(over the counter):* Der außerbörs-liche Handel von Finanzinstrumenten.

Partiarisches Darlehen *(profit participation loan):* Darle-hen, bei dem kein fester Zins vereinbart wird, sondern die Verzinsung vom Geschäftserfolg des Darlehensnehmers ab-hängig ist.

Patronatserklärung *(comfort letter):* Zusage der Mutterge-sellschaft eines Konzerns, für finanzielle Verpflichtungen ihrer Tochtergesellschaften einzustehen. Die Patronatserklä-rung kann gegenüber Dritten (Kreditgebern), aber auch ge-genüber der Tochtergesellschaft abgegeben werden. Durch diese Erklärung kann die Muttergesellschaft versichern, dass z. B. eine Mehrheitsbeteiligung an der Gesellschaft X besteht, deren Beibehaltung angestrebt wird (weiche Form), oder dass z. B. die Gesellschaft X für die nächsten Jahre mit allen erforderlichen Zahlungsmitteln ausgestattet wird (härtere Form). Im Gegensatz zur Garantie ist die Patronatserklärung üblicherweise nicht als Eventualverbindlichkeit im Jahresabschluss auszuweisen, was die Beliebtheit dieser Form einer Besicherung erklärt.

Personalsicherheit *(personal security):* Kreditsicherung durch zusätzliche Haftung eines Dritten, der eine natürliche oder juristische Person sein kann und in seiner Haftung neben den Kreditnehmer tritt. Personalsicherheiten sind z. B. Bürgschaft, Garantie, Kreditauftrag, Schuldübernahme, Patronatserklärung.

Pfandrecht *(lien, pledge):* Ein dingliches Recht zur Sicherung von Forderungen. Das vertragliche Pfandrecht kann an fremden beweglichen Sachen oder Rechten zur Sicherung einer Forderung bestellt werden. Es beinhaltet das Recht des Gläubigers, sich aus der Verwertung einer Sache zu befriedigen.

Policendarlehen *(policy loan):* Finanzierung mithilfe einer Lebensversicherung. Es wird ein Darlehen aufgenommen, das während der Laufzeit verzinst, aber nicht getilgt wird. Der Darlehensbetrag wird am Ende der Darlehenslaufzeit durch eine bis dahin angesparte Kapitallebensversicherung abgelöst.

Prime Standard *(Prime Standard):* Ein Marktsegment der Frankfurter Wertpapierbörse für Unternehmen, die strenge internationale Transparenz-Standards erfüllen. Die Zulassung zum Prime Standard setzt die Erfüllung der folgenden Transparenzanforderungen voraus: Jahresabschluss nach IFRS oder US-GAAP, Veröffentlichung von Quartalsberichten auch in Englisch, Vorlage eines Unternehmenskalenders, mindestens eine Analystenkonferenz pro Jahr, Ad-hoc-Mitteilungen in deutscher und englischer Sprache. Nur diejenigen Unternehmen, die im Prime Standard zugelassen sind, können in die Auswahlindizes der Deutschen Börse (DAX, MDAX, SDAX, TecDAX) aufgenommen werden.

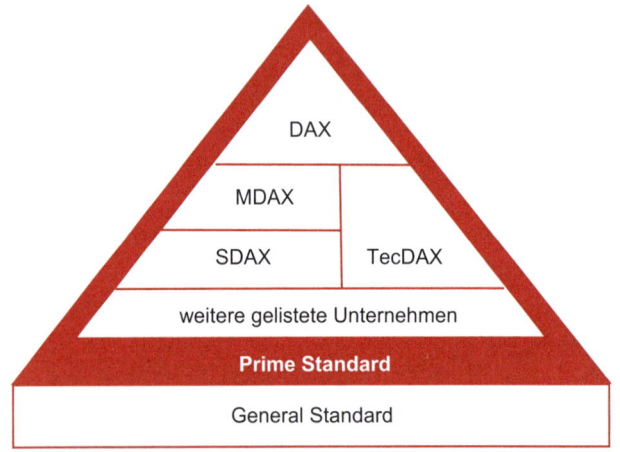

Die wichtigsten Auswahlindizes (www.deutsche-boerse.com)

Private Equity *(Privates Beteiligungskapital):* Kapital, das private Gesellschaften i. d. R. nicht-börsennotierten Unternehmen für einen begrenzten Zeitraum zur Verfügung stellen, um eine finanzielle Rendite zu erwirtschaften.

Private Placement *(Privatplatzierung):* Private Placements finden immer unter Ausschluss einer Börse (eines öffentlichen Handelsplatzes) statt, indem einige wenige Privatpersonen oder Institutionen direkt angesprochen werden. Privatplatzierungen entbinden teilweise von Publizitätspflichten wie z. B. dem Wertpapierprospekt bei Kapitalerhöhungen.

Prolongation *(prolongation):* Die Verlängerung eines Kredits oder eines Wechsels.

Prospekthaftung *(prospectus liability):* Haftung des Emittenten für absichtlich oder fahrlässig unrichtig oder unvollständig erteilte Angaben in Verkaufs- oder Wertpapierprospekten (bei der Ausgabe von bestimmten Vermögensanlagen bzw. Wertpapieren).

Public Offering *(public offering):* Öffentliches Angebot von Aktien über die Börse im Gegensatz zur Privatplatzierung.

Public Private Partnership (PPP) *(public private partnership):* Zusammenarbeit der öffentlichen Hand, d. h. staatlicher Einrichtungen, mit privaten Unternehmen, i. d. R. kapitalkräftige Akteure. Kennzeichnend für diese Kooperation ist, dass öffentliche und private Partner sowohl gemeinsame projektbezogene als auch unterschiedliche, ihren jeweiligen Funktionen entsprechende Ziele und Interessen verfolgen.

Put *(put):* Börsenbezeichnung für eine Verkaufsoption.

Rabatt *(discount, rebate, reduction):* Als Rabatt bezeichnet man einen Preisnachlass, der i. d. R. bei Abnahme von größeren Mengen vom Hersteller oder Händler gewährt wird (Mengenrabatt). Weitere Rabattformen sind ein Nachlass für treue Kunden (Treuerabatt), ein Wiederverkäuferrabatt (meist für Groß- und Einzelhändler), ein Personalrabatt für Beschäftigte oder der Naturalrabatt, bei dem Kunden einen Rabatt in Form von Waren erhalten.

Rating *(rating):* Das Kredit-Rating ist eine bonitätsmäßig skalierte Einschätzung der Kreditwürdigkeit von Schuldnern (z. B. Unternehmen, Banken oder Staaten) bzw. der von ihnen begebenen Wertpapiere. Es zeigt die zukünftige Fähigkeit eines Kreditnehmers, seine Zins- und Tilgungsverpflichtungen termingerecht und vollständig erfüllen zu können. Die Rating-Agenturen ziehen dabei unternehmens- und branchenspezifische Besonderheiten sowie Länderrisiken mit in Betracht. Üblich sind Klassifizierungen mit dem Zusatz AAA (höchste Bonitätsstufe) bis D (geringste Bonitätsstufe).

Realsicherheiten *(collateral securities):* Kreditsicherung durch Bestellung dinglicher Rechte, wie z. B. Grundpfandrechte, Pfandrechte, Eigentumsvorbehalte, Forderungsabtretungen oder Sicherungsübereignung.

Regulierter Markt *(regulated market):* Der regulierte Markt wurde zum 1.11.2007 errichtet und ist ein organisierter Markt im Sinne des Wertpapierhandelsgesetzes. Die Börsenzulassungssegmente „amtlicher Markt" und „geregelter Markt" wurden durch den „regulierten Markt" abgelöst.

Rembourskredit *(reimbursement credit):* Kredit im Außenhandelsgeschäft. Er ist eine kurzfristige Außenhandelsfinanzierung und eine Form des Dokumentenakkreditivs. Mithilfe des Rembourskredits erhält der Exporteur die Sicherheit einer Bank für die Bezahlung der Waren.

Rendite *(yield):* Auch Rentabilität genannt. Die tatsächliche Verzinsung des Kapitals, ausgedrückt in Prozent.

Renten *(pensions):* Kurzbeschreibung für Rentenwerte.

Rentenwerte *(bonds, fixed-interest securities):* Sammelbegriff für festverzinsliche Wertpapiere (Anleihen, Kommunalobligationen, Pfandbriefe, Schiffspfandbriefe etc.).

Repo-Geschäft *(repurchase agreement, repo transaction):* Ein kurzfristiges, durch Wertpapiere besichertes Geldhandelsgeschäft.

Restschuld *(residual debt):* Der zu einem bestimmten Zeitpunkt noch nicht getilgte (zurückgezahlte) Teil eines Darlehens. Die Höhe der jeweiligen Restschuld ergibt sich aus dem Tilgungsplan.

Roll-Over-Kredit *(roll-over-credit):* Beim Roll-Over-Kredit handelt es sich um einen mittel- bis langfristigen Großkredit, dessen Zinssatz kurzfristig (meist im Sechs-Monats-Rhythmus) der Marktentwicklung angepasst wird. Kreditnehmer sind hauptsächlich Großunternehmen und Staaten.

Sacheinlage *(contribution in kind):* Nicht durch Bareinzahlung, sondern mit Sachwerten geleistete Einlage bei Gründung oder Kapitalerhöhung einer Kapitalgesellschaft.

Sale-and-lease-back *(sale-and-lease-back):* Eine Spezialform des Leasings. Im Eigentum des Leasingnehmers befindliche Vermögensgegenstände werden an eine Leasinggesellschaft mit der Absicht veräußert, diese im Rahmen eines Leasingvertrages weiter zu nutzen. Der Leasinggegenstand wechselt somit nicht den Besitzer. Ziel des Leasingnehmers ist es, die Liquidität zu verbessern und steuerliche Vorteile auszunutzen.

Scheck *(check, cheque):* Er stellt eine unbedingte Anweisung des Ausstellers an sein Kreditinstitut dar, einen bestimmten Betrag an den Schecknehmer unter Belastung seines Kontos zu zahlen.

Schufa *(schufa):* Abkürzung von „Schutzgemeinschaft für Allgemeine Kreditsicherung e.V.". Die Schufa ist die Schutzgemeinschaft von kreditgebenden Unternehmen und Kreditinstituten zur Kreditsicherung in Deutschland. Der Sitz der Schufa Holding ist Wiesbaden. Sie erhält von den ihr angeschlossenen Instituten Informationen zur Beurteilung der Bonität der Kreditnehmer. Diese Informationen stellt sie ihren Kunden auf Anfrage zur Verfügung.

Schuldbeitritt (Schuldmitübernahme) *(assumption of debt):* Eine Person verpflichtet sich, gesamtschuldnerisch mit dem Schuldner für dessen Verbindlichkeiten zu haften. Während der Bürge erst nach dem Schuldner in Anspruch genommen wird, haftet der Beitretende mit dem Schuldner.

Schuldscheindarlehen *(promissory note, bonded loan):* Anleiheähnliche langfristige Kredite, die von Banken, Versicherungen und Kapitalsammelstellen an Großunternehmen, an die öffentliche Hand und bestimmte Kreditinstitute mit Sonderaufgaben gegen einen Schuldschein gegeben werden. Der Schuldschein dient als Beweis für die Vergabe des Kredits, stellt aber kein Wertpapier dar.

Schuldverschreibungen *(bonds):* Schuldverschreibungen sind Wertpapiere, in denen sich der Aussteller (Emittent) verpflichtet, bei Fälligkeit die geliehene Geldsumme zurückzuzahlen und nach einem festgelegten Modus Zinszahlungen zu leisten. Sie dienen zur Deckung eines größeren Kapitalbedarfs. Als Emittenten für Schuldverschreibungen können neben staatlichen Stellen (öffentliche Anleihen) Banken (Bankschuldverschreibungen, Pfandbriefe) und Industrieunternehmen (Industrieobligationen) auftreten.

SDAX *(SDAX):* Auswahlindex der 50 nach Marktkapitalisierung und Börsenumsatz größten Unternehmen der klassischen Branchen, die auf die MDAX-Werte folgen.

Securitization *(securitization):* Auch Verbriefung genannt. Die Schaffung von handelbaren Wertpapieren aus Kreditforderungen oder Einlagenpositionen. Sie erfolgt meistens mittels sog. Special Purpose Entities (SPE), deren einziger Zweck in der Emission der Wertpapiere besteht. Der Originator, der als Kreditverkäufer auftritt, bündelt zunächst die Kreditforderungen in einem Forderungspool und tritt diesen an die Zweckgesellschaft (SPE) ab. Im Gegenzug erhält er den Wert der Forderung als liquide Mittel. Die Zweckgesellschaft refinanziert sich, indem sie die Forderungen in Form von Wertpapieren am Kapitalmarkt platziert. Die Kupon- und Rückzahlungen an die Investoren werden durch die Zins- und Tilgungszahlungen der Kreditnehmer geleistet.

Seed Financing *(Frühphasenfinanzierung):* Unternehmensfinanzierung zur Erforschung und Entwicklung einer Geschäftsidee sowie zu ihrer ersten Umsetzung in verwertbare Resultate; auf dieser Basis wird ein Geschäftskonzept (Businessplan) für ein neu zu gründendes Unternehmen erstellt.

Selbstfinanzierung *(self-financing, internal financing):* Finanzierung aus dem Gewinn des Unternehmens. Dabei wird unterschieden zwischen der offenen Selbstfinanzierung (Bildung von Gewinnrücklagen) und der stillen Selbstfinanzierung (Bildung von stillen Reserven).

Selbstschuldnerische Bürgschaft *(absolute guarantee):* Der Gläubiger kann sofort die Zahlung vom Bürgen verlangen, wenn der Hauptschuldner nicht zahlt.

Shareholder Value *(shareholder value):* Dieses Konzept der Unternehmensführung hat zum Ziel, vor allem den Unternehmenswert, d. h. den Marktwert des Eigenkapitals zu steigern. Dabei wird das Interesse der Aktionäre in den Vordergrund gestellt.

Sicherungsübereignung *(chattel mortgage):* Kreditsicherung durch Übereignung von Waren oder sonstigen beweglichen Gegenständen. Die übereigneten Gegenstände verbleiben im Besitz des Kreditnehmers, er kann sie weiterhin nutzen. Der Kreditgeber wird Eigentümer der Gegenstände durch die Vereinbarung eines Besitzkonstitutes.

Sicherungszession *(cession of securities):* Abtretung von Kundenforderungen als Sicherheit für einen Bankkredit entweder in Form der Rahmenabtretung oder der Einzelzession, also der Abtretung einer einzelnen Forderung. Innerhalb der Rahmenabtretungen wird zwischen der Mantel- und der Globalzession unterschieden. Bei der Mantelzession tritt der Kreditnehmer bereits bestehende Forderungen ab und verpflichtet sich gleichzeitig, laufend weitere Forderungen bis zu einer bestimmten Höhe (= Deckungsgrenze) abzutreten. Bei der Globalzession tritt der Kreditnehmer alle gegenwärtigen und zukünftigen Forderungen ab, d. h., die in der Zukunft entstehenden Forderungen gehen bereits im Augenblick ihrer Entstehung auf den Kreditgeber über.

Skonto *(discount):* Prozentsatz, der bei sofortiger Bezahlung oder bei Zahlung innerhalb eines vereinbarten Zeitraums vom Rechnungsbetrag abgezogen werden kann.

SoFFin, Sonderfonds Finanzmarktstabilisierung *(special fund for financial market stabilization):* Der SoFFin wurde im Zuge der Finanzmarkt- und Bankenkrise im Oktober 2008 geschaffen. Der Fonds soll das Finanzsystem in Deutschland stabilisieren, Liquiditätsengpässe überwinden und die Eigenkapitalbasis der Kreditinstitute stärken helfen. Der Finanzmarktstabilisierungsfonds wird von der Finanzmarktstabilisierungsanstalt verwaltet.

Sollzinsen *(debit interest):* Zinsen, die vom Kreditnehmer zu zahlen sind.

Sondertilgung *(unscheduled payment):* Zahlung über die vereinbarte regelmäßige Darlehensrate hinaus. Sie führt i. d. R. zu einer Verkürzung der Gesamtlaufzeit oder zu einer niedrigeren regelmäßigen Darlehensrate für den Rest der vereinbarten Laufzeit.

Sperrminorität *(blocking minority):* Die Beteiligung eines Anteilseigners von über 25 % am Grund- oder Stammkapital einer Kapitalgesellschaft. Die Gesellschaft kann ohne die Zustimmung des Anteilseigners keinen Beschluss fassen, zu dem eine 75-prozentige Mehrheit erforderlich ist, z. B. bei Satzungsänderungen oder einer Fusion.

Spin-off *(spin-off):* Ausgliederung und Verselbstständigung einer Abteilung oder eines Unternehmensteils aus einem bestehenden Unternehmen mittels der Gründung eines eigenständigen Unternehmens. Ein Spin-off bietet Unternehmen die Möglichkeit, durch Umwandlung eines Unternehmensteils in eine Beteiligung kurzfristig Kapital zu erlangen.

Split *(splitting):* Auch Splitting genannt. Um Aktien für die Anleger attraktiver zu machen, entschließen sich manches Unternehmen, seine Anteilsscheine in einem bestimmten Verhältnis zu teilen. Der Kurs einer börsennotierten Aktie wird dadurch reduziert und die Aktie leichter handelbar gemacht. Ziel ist eine optische Verbilligung des Börsenkurses.

Spread *(spread):* Die Renditedifferenz zwischen zwei Zinssätzen.

Squeeze-out *(squeeze out):* Dieses Verfahren ermöglicht es den Mehrheitsaktionären, die Minderheitsaktionäre mittels einer angemessenen Abfindung zwangsweise aus der Gesellschaft auszuschließen. In Deutschland ist das Squeeze-out zulässig ab einem Mehrheitsanteil eines Aktionärs von 95 % am Grundkapital einer AG.

Stammaktien *(ordinary shares):* Gewähren dem Aktionär die gesetzlichen und satzungsmäßigen Rechte. Dazu gehören:

- das Recht zur Teilnahme an der Hauptversammlung,
- das Stimmrecht,
- das Dividendenrecht (Beteiligung am Gewinn),
- das Auskunftsrecht,
- das Bezugsrecht auf junge Aktien im Fall der Kapitalerhöhung,
- das Teilhaberecht am Liquidationserlös.

Start-up-Finanzierung, *(start up financing):* Auch Anschubfinanzierung genannt. Gründungsfinanzierung eines Unternehmens mit einer innovativen Idee. Das betreffende Unternehmen befindet sich in der Gründungsphase, im Aufbau oder seit Kurzem im Geschäft und hat seine Produkte noch nicht oder nicht in größerem Umfang vermarktet. In der Regel folgt die Start-up-Finanzierung nach der Seed-Finanzierung.

Stille Gesellschaft *(silent partnership):* Die stille Gesellschaft ist eine Sonderform der Gesellschaft, bei der sich der stille Gesellschafter am Handelsgewerbe einer anderen Gesellschaft so beteiligt, dass die Einlage gegen einen Anteil am Gewinn in das Vermögen des Inhabers des Handelsgeschäfts übergeht. Der stille Gesellschafter hat gesetzlich kein Mitspracherecht, kann sich aber Zustimmungs- und Kontrollrechte vertraglich einräumen lassen. Ob eine typische stille Beteiligung nicht nur als wirtschaftliches, sondern auch als bilanzielles Eigenkapital gewertet wird, hängt von der Gestaltung ab. Hingegen wird der atypische stille Gesellschafter zum Mitunternehmer, deshalb wird sein Anteil i. d. R. als Eigenkapital ausgewiesen.

Stillhalter *(writer):* Verkäufer einer Option.

Strukturierte Finanzinstrumente *(structured financial instruments):* Sie stellen eine Kombination von herkömmlichen Finanzanlagen – zumeist Anleihen – mit Derivaten dar, die als Einheit zu betrachten sind und deren Bestandteile regelmäßig nicht einzeln veräußert werden können. Die Höhe der Auszahlungen aus dem strukturierten Finanzinstrument hängt von den Basiswerten der enthaltenen Derivate ab. Strukturierte Finanzinstrumente bieten durch die Kombination mit einem oder mehreren Derivaten zusätzliche Ertragschancen, aber auch Risiken gegenüber einer herkömmlichen Anleihe.

Stückaktie *(no-par value share):* Eine Aktie ohne festgelegten Nennwert, die einen bestimmten Anteil am Grundkapital einer Aktiengesellschaft verkörpert. Die Anzahl dieser Stückaktien ist in der Satzung festgeschrieben.

Stückzinsen *(accrued interest):* Der Käufer einer Anleihe erwirbt zusammen mit dem Wertpapier den Anspruch auf die volle Ausschüttung des Zinses für die Zinsperiode (meist ein Jahr). Häufig wechseln die Anleihen jedoch nicht genau an dem Tag, an dem die Zinsen fällig werden, den Besitzer. Der Vorbesitzer hat einen Anspruch auf Zinsen vom letzten Zinstermin bis zum Verkaufstermin. Diesen dem Verkäufer als Ausgleich zu zahlenden Betrag nennt man „Stückzinsen".

Subventionen *(subsidies):* Finanzielle Hilfestellungen des Staates an Unternehmen und Privatpersonen mit dem Ziel, bestimmte politische oder gesellschaftlich gewünschte Entwicklungen zu fördern oder Strukturanpassungen erträglicher zu gestalten. Subventionen sind ein Instrument der Strukturpolitik, Sozialpolitik, Wettbewerbspolitik und Außenpolitik.

Swap *(swap):* Eine Vereinbarung zwischen zwei Parteien über den Austausch von Zahlungsströmen (z. B. Devisen- oder Zinszahlungen) während einer bestimmten Laufzeit zu bestimmten Terminen in der Zukunft. Es handelt sich um eine Kombination von Kassa- und Termingeschäft. Swaps werden

vor allem bei Exportgeschäften zur Kursabsicherung eingesetzt.

Swap-Satz *(swap rate):* Der Swap-Satz ist der Kursunter-
schied am Devisenmarkt zwischen dem Termin- und dem
Kassakurs einer Währung. Er ergibt sich aus den Zinsdifferenzen der beiden beteiligten Devisen. Der Swap-Satz errechnet
sich nach folgender Formel:

$$\text{Swap-Satz} = \frac{\text{Terminkurs} - \text{Kassakurs}}{\text{Kassakurs}} \times 100$$

Syndizierter Kredit *(syndicated loan):* Auch Konsortialkredit
genannt. Mehrere Banken gewähren gemeinsam einen Kredit,
wobei eine oder mehrere Banken die Federführung übernehmen.

Take-over *(Übernahme):* Kauf/Übernahme von Unternehmen durch andere Unternehmen zur Nutzung und Beherr-
schung der Ressourcen der erworbenen Unternehmen.

TecDAX *(TecDAX):* Bildet die Entwicklung der 30 größten
Technologieunternehmen des Prime Standards ab, die den im
Aktienindex enthaltenen Unternehmen hinsichtlich Orderum-
satz und Marktkapitalisierung nachfolgen. Der Index basiert
auf den Kursen des elektronischen Handelssystems Xetra.

Termineinlagen *(time deposits):* Geldeinlagen, die für eine
bestimmte Zeit festgelegt werden.

Termingeschäfte *(forward transactions):* Dies sind Geschäfte, bei denen die Zeitpunkte von Vertragsabschluss und
Erfüllung auseinanderliegen. Ein typisches Termingeschäft ist
z. B. der Kauf von US-Dollars am 1.4., die aber erst am 30.6.

zu liefern sind. Der Preis, zu dem sie den Besitzer wechseln, der Terminkurs, wird bereits bei Abschluss des Geschäfts vereinbart.

Termingeschäfte, bedingte *(conditional forward transactions):* Bei den bedingten Termingeschäften besteht zwischen den Vertragspartnern zwar das Recht, aber nicht die Pflicht zur Durchführung des Basisgeschäfts. Bedingte Termingeschäfte können in Prämiengeschäfte und Optionsgeschäfte unterschieden werden.

Termingeschäfte, unbedingte *(unconditional forward transactions):* Im Gegensatz zu den bedingten Termingeschäften verpflichten sich hier die beiden Vertragspartner zu Beginn, die vereinbarten Leistungen am Ende der Laufzeit zu erfüllen.

Thesaurierung *(earnings retention):* Thesaurierung bezeichnet die Zuweisung der erwirtschafteten Gewinne nach Steuern eines Unternehmens zu den freien Rücklagen.

Tilgung *(redemption):* Zahlung zur Begleichung einer Schuld.

Trassant *(drawer):* Aussteller eines gezogenen Wechsels.

Trassat *(acceptor):* Akzeptant eines Wechsels.

Tratte *(draft):* Ein gezogener, aber noch nicht akzeptierter Wechsel.

Turn-around-Finanzierung *(turn around financing):* Finanzierung eines Unternehmens, das zur Überwindung von Schwierigkeiten (i. d. R. finanzielle Probleme, z. B. durch Absatzprobleme verursacht) kurzfristiges Kapital benötigt und sich im Rahmen der Sanierung wieder positiv entwickeln soll.

Überzeichnung *(oversubscription):* Falls im Rahmen einer Neuemission mehr Investoren eine Emission zeichnen, als das Angebot es zulässt, so wird von einer Überzeichnung gesprochen. Die Zuteilung erfolgt dann entweder prozentual für jeden gleich oder nach dem Losverfahren.

Überziehungskredit *(overdraft credit):* Ein nicht genehmigter Kontokorrentkredit, wenn die Kreditlinie überschritten wurde.

Underlying *(underlying):* Auch Basiswert genannt. Das einem Derivat (z. B. Option, Future) zugrunde liegende Finanzinstrument (z. B. Aktie, Anleihe, Index, Währung, Rohstoff). Der Preis eines Derivats ist abhängig vom Preis des Basiswertes.

Unter pari *(below par):* Wertpapier, dessen Kurswert unter dem Nennwert liegt.

Verbriefung: siehe Securitization

Venture Capital *(Wagniskapital):* Bezeichnung für Risiko- bzw. Wagniskapital. Es dient zur Finanzierung neuer riskanter, aber zukunftsträchtiger Unternehmen. Den Bedarf an Finanzmitteln decken Venture-Capital-Gesellschaften häufig über Auflage eines eigenen Venture-Capital-Fonds. An diesem beteiligen sich Privatinvestoren, Pensionsfonds und andere Investoren. Ziel dieser Investoren ist es, ihr Vermögen bei vergleichsweise hohem Risiko besonders profitabel anzulegen.

Verschuldungsgrad *(debt-equity ratio):* Der Verschuldungsgrad ist eine Bilanzkennzahl und zeigt das Verhältnis zwischen Fremdkapital und Eigenkapital.

Vinkulierte Namensaktien *(registered shares):* Die Aktie kann nur durch Zustimmung der Aktiengesellschaft erworben oder veräußert werden.

Vinkulierung *(restriction of transferability):* Die Übertragung eines Wertpapiers bzw. einer Vermögensanlage an einen Dritten bedarf der Zustimmung des Emittenten.

Volatilität *(volatility):* Intensität der Kursschwankung eines Wertpapiers bzw. einer Währung im Vergleich zur Marktentwicklung. Oftmals wird diese in Form der Standardabweichung aus der Kurshistorie berechnet bzw. implizit aus einer Preissetzungsformel. Je höher die Volatilität, desto risikoreicher ist das Halten einer Anlage.

Vorfälligkeitsentschädigung *(prepayment penalty):* Entschädigung an den Kreditgeber für entgangenen Zins, falls der Kreditnehmer ein Darlehen früher als vertraglich vereinbart zurückbezahlt.

Vorzugsaktie *(preference share):* Die Inhaber von Vorzugsaktien haben i. d. R. kein Stimmrecht. Als Entschädigung erhalten Vorzugsaktionäre dafür üblicherweise eine im Vergleich zu den Stammaktionären höhere Dividende.

Wandelanleihe *(convertible bond):* Eine festverzinsliche Anleihe, die dem Anleger innerhalb einer bestimmten Umtauschfrist unter festgelegten Bedingungen die Möglichkeit gibt, die Anleihe in Aktien der ausgebenden Gesellschaft umzutauschen. Sie hat i. d. R. eine niedrigere Nominalverzinsung als gewöhnliche Anleihen.

Wechsel *(bill of exchange):* Eine Zahlungsanweisung in einer gesetzlich vorgeschriebenen Form. Es wird unterschieden zwischen der Tratte (gezogener Wechsel) und dem Solawechsel (eigener Wechsel). Die Tratte ist die Anweisung des Ausstellers an den Bezogenen (Schuldner), den im Wechsel angegebenen Betrag an einem bestimmten Tag an den Begünstigten zu zahlen. Der Bezogene verpflichtet sich durch sein Akzept (Unterschrift quer am Rand des Wechsels) zur Zahlung. Durch den Solawechsel verpflichtet sich der Aussteller, den Wechselbetrag zum angegebenen Zeitpunkt dem Wechselnehmer (Inhaber des Wechsels) zu zahlen. Als Zahlstelle wird meistens die Bank angegeben, bei der der Aussteller oder der Bezogene sein Konto hat.

Wechselkurs *(exchange rate):* Austauschverhältnis zweier Währungen oder auch der Preis, der beim Kauf ausländischer Zahlungsmittel in heimischer Währung zu zahlen ist bzw. beim Verkauf gezahlt wird.

Working Capital *(working capital):* Es zeigt den absoluten Überschuss des Umlaufvermögens über das kurzfristige Fremdkapital.

> Working Capital = Umlaufvermögen - kurzfr. Fremdkapital

Xetra: Steht für „Exchange Electronic Trading" und ist der Name des elektronischen Handelssystems der Deutschen Börse AG für den Kassamarkt.

Zahlungsziel *(term of payment):* Ein in der Zukunft liegender Zeitpunkt, zu dem eine Rechnung bzw. Geldschuld bezahlt werden soll.

Zedent *(assignor):* Der abtretende (frühere) Gläubiger bei der Forderungsabtretung.

Zeichnung *(subsciption):* Angebot auf Erwerb einer zum Verkauf angebotenen Anleihe oder Aktie.

Zeitwert *(time value):* Die Differenz zwischen dem Optionspreis und seinem inneren Wert bei einer Option.

Zero-Bond *(zero bond):* Eine zeitweise – insbesondere aus Steuergründen – sehr beliebte Anleiheform, bei der es keine jährliche Zinszahlungen gibt; deshalb lautet die deutsche Bezeichnung „Null-Kupon-Anleihe". Die Zinsen werden stattdessen insgesamt diskontiert, d. h., die Anleihe wird mit einem entsprechend hohen Abschlag auf den Rückzahlungskurs ausgegeben.

Zertifikat *(certificate):* Sammelbegriff für die verschiedenartigsten Investmentprodukte. Ein Zertifikat verbrieft z. B. die Teilnahme an der Kursentwicklung bestimmter Wertpapiere, Wertpapierkombinationen, Indizes, Devisen oder Rohstoffe. Rechtlich gesehen sind Zertifikate Anleihen und verbriefen keinerlei Eigentums- und Aktionärsrechte an den entsprechenden Unternehmen. Der Anleger erhält ein Schuldrecht gegenüber dem Emittenten, dem er vorübergehend sein Geld überlässt.

Zession *(assignment):* Die Abtretung von Forderungen jeglicher Art bezeichnet man als Zession.

Zessionar *(assignee):* Der Abtretungsempfänger, an den eine Forderung abgetreten wird, d. h. der Kreditgeber bei der Zession.

Zins *(interest):* Preis für die zeitweilige Überlassung von Geld oder Kapital.

Zinsdeckungsgrad *(interest coverage):* Das Verhältnis von EBITDA zu Zinsaufwand zeigt, ob der Schuldner die Nettozinsverpflichtungen aus dem operativen Ergebnis vor Abschreibungen leisten kann.

Zinseszins(en) *(compound interest):* Zinsen, die auf nicht ausgezahlte Zinsen berechnet werden. Sie werden dem Kapital hinzugefügt (kapitalisiert) und dann mit diesem verzinst.

Zinsswap *(interest rate swap):* Vereinbarung zwischen zwei Parteien über den Austausch unterschiedlicher Zinszahlungsströme während einer bestimmten Laufzeit zu vorher festgelegten Terminen, die in der Zukunft liegen. In der Regel werden feste gegen variable Zinszahlungen, die auf einem Referenzzinssatz (z. B. Euribor) basieren, getauscht.

Zwangsvollstreckung *(compulsory execution):* Gesetzlich geregeltes Verfahren zur Durchsetzung privatrechtlicher Ansprüche gegenüber einem Schuldner.

Zwischenfinanzierung *(interim financing):* Kurzfristige Kredite, die zur Überbrückung gegeben werden, wenn langfristige Mittel (z. B. für Bauvorhaben, Investitionen) noch nicht zur Verfügung stehen.

Investition

Unter einer Investition versteht man z. B. die Kapitalanlage in Sachgütern, um hieraus später Gewinne zu erwirtschaften. Dies kann durch Nutzung, Vermietung oder Verkauf erfolgen. Investitionen unterscheiden sich hinsichtlich ihrer Art (z. B. Sach-, Finanz- und Vorratsinvestitionen) und hinsichtlich ihres Zwecks (z. B. Ersatz- oder Erweiterungsinvestitionen).

Die Investitionsrechnungen sind Verfahren zur Beurteilung von Investitionen hinsichtlich ihrer quantitativen Einflussgrößen. Sie stellen die Grundlage für Investitionsentscheidungen dar. Investitionsrechnungen dienen aber auch der Ermittlung der optimalen Nutzungsdauer von Investitionen oder der Unternehmensbewertung.

Bei den statischen Investitionsrechenverfahren wird nur eine Durchschnittsperiode betrachtet. Die Verfahren sind: Kosten-, Gewinn-, Rentabilitäts- und Amortisationsvergleichsrechnung. Mit den dynamischen Investitionsrechenverfahren lässt sich die Vorteilhaftigkeit von Investitionen mehrperiodisch anhand von Ein- und Auszahlungen mithilfe von mathematischen Methoden beurteilen. Die Verfahren sind: Kapitalwertmethode, interne Zinsfußmethode, Annuitätenmethode und dynamische Amortisationsrechnung.

Abzinsung *(discounting):* Verfahren der Zinseszinsrechnung, um den Gegenwartswert zukünftiger Zahlungen bei vorgegebener Laufzeit und Verzinsung zu ermitteln.

Abzinsungsfaktor *(present value factor):* Faktor zur Berechnung des Barwertes (Gegenwartwertes) einer Zahlung.

$$\text{Abzinsungsfaktor} = \frac{1}{(1 + i)^n} = \frac{1}{q^n}$$

i bezeichnet den zugrunde gelegten Zinssatz pro Jahr in dezimaler Form.

Amortisationsdauer *(payback period):* Der Zeitraum, der vergeht, bis die Anschaffungskosten einer Investition durch die von ihr erwirtschafteten Einnahmen zurückgeflossen sind. Die Amortisationsdauer wird auch als Pay-off- oder Payback-Dauer bezeichnet. Sie lässt eine Aussage über das Investitionsrisiko zu.

Amortisationsrechnung, statisch *(payback method):* Die Amortisationsrechnung ermittelt den Zeitraum, in dem das investierte Kapital über die Erlöse wieder in das Unternehmen zurückfließt.

$$\text{Amortisationsdauer} = \frac{\text{Anschaffungsausgabe (Kapitaleinsatz)}}{\text{Gewinn und Abschreibungen pro Jahr}}$$

Amortisationsrechnung, dynamisch *(payback method):* Sie ermittelt den Zeitraum, der unter Berücksichtigung von Zinseszinseffekten bis zur Wiedergewinnung der Investitionsausgabe durch die Einzahlungsüberschüsse vergeht.

Annuität *(annuity):* Durchschnittlicher jährlicher Überschuss/Verlust einer Investition über der geforderten Mindestverzinsung.

Annuitätenfaktor *(annual equivalent factor):* Wird auch als Kapitalwiedergewinnungsfaktor (KWF) bezeichnet. Dies ist der Faktor zur Berechnung der Annuität.

$$\text{Annuitätenfaktor} = \frac{(1 + i)^n \times i}{(1 + i)^n - 1} = \frac{q^n \times i}{q^n - 1}$$

Annuitätenmethode *(annuity method):* Sie ist eine Methode der dynamischen Investitionsrechnung und wird aus der Kapitalwertmethode abgeleitet. Die Annuitätenmethode ermittelt die Annuität, d. h. den durchschnittlichen, konstanten Periodenüberschuss der Investition. Die tatsächlichen Zahlungsströme werden in eine äquivalente (gleicher Barwert), äquidistante (gleiche Zahlungsabstände) und uniforme (gleiche Zahlungshöhen) Zahlungsreihe transformiert.

Aufzinsung *(compounding):* Verfahren der Zinseszinsrechnung, um den Endwert aus einem gegebenen Anfangsbetrag bei vorgegebener Laufzeit und Verzinsung zu ermitteln. Ein heute verfügbarer Betrag K_0 hat nach n Jahren den Wert:

$$K_n = K_0 \times (1 + i)^n$$

Aufzinsungsfaktor *(future value factor):* Faktor zur Berechnung des Endwertes einer einzelnen Zahlung.

$$\text{Aufzinsungsfaktor} = (1 + i)^n = q^n$$

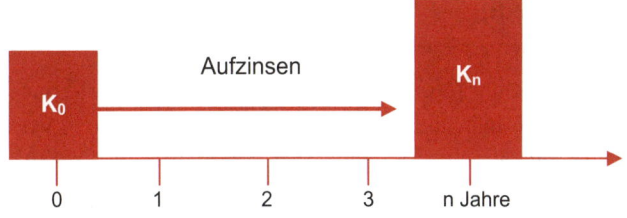

K_0 = Barwert, K_n = Endwert

Aufzinsen einer heutigen einmaligen Zahlung

Auswahlproblem *(selection problem):* Es stellt sich, wenn mehrere alternative Investitionsobjekte zur Auswahl stehen, von denen das vorteilhaftere bzw. vorteilhafteste zu bestimmen ist.

Barwert *(cash value):* Dies ist der gegenwärtige Wert einer zukünftigen Zahlungsreihe. Die Zahlungsreihe wird auf den Zeitpunkt t = 0 abgezinst.

$$\text{Barwert} = \sum_{t=0}^{n} \frac{\left(\text{Einzahlung}_t - \text{Auszahlung}_t\right)}{\left(1 + i\right)^t}$$

Betriebskosten *(operating costs):* Betriebskosten im Rahmen der Investitionsrechnung sind vor allem: Personal-, Material-, Energie-, Raum-, Instandhaltungs- und Werkzeugkosten.

Budgetierung *(budgeting):* Detailliertes zahlenmäßiges Festlegen von Finanzmitteln, die für Investitionen und andere Ausgaben für einen künftigen Planungszeitraum zur Verfügung gestellt werden.

Bruttoinvestition *(gross investment):* Gesamtheit aller Investitionen eines Unternehmens in einer Periode.

Desinvestition *(disinvestment):* Freisetzung der in Vermögenswerten gebundenen finanziellen Mittel (z. B. durch Verkauf, Liquidation und Aufgabe).

Differenzinvestition *(differential investment):* Eine fiktive Investition zur Vergleichbarkeit von Investitionsalternativen mit unterschiedlichem Kapitaleinsatz, unterschiedlicher Nutzungsdauer bzw. unterschiedlichen Zahlungsrückflüssen. Wird beispielsweise eine Maschine fünf Jahre und die andere nur drei Jahre genutzt, so muss bei der Maschine mit kürzerer Nutzungsdauer eine Differenz- oder Komplementärinvestition als Vergleich mit einbezogen werden. Anderenfalls wären sowohl Kosten, Gewinne oder Renditen, aber auch Kapitalwerte, Restwerte oder interne Zinsen nicht vergleichbar.

Diversifikationsinvestitionen *(diversification of investments):* Sie dienen der Zukunftssicherung des Unternehmens sowie der Risikostreuung und bewirken eine Veränderung des Leistungsprogramms bzw. des Absatzprogramms. Zusätzlich zu den bisherigen Leistungen werden neue erbracht, die in das bestehende Produktionsprogramm passen (horizontale oder vertikale Diversifikation) oder die keinen sachlichen Zusammenhang zu den bisherigen Gütern haben (laterale Diversifikation).

Endwert *(accumulated value):* Der Endwert (K_n), auch Zukunftswert genannt, ist der Wert, der sich durch Aufzinsen der Zahlungsüberschüsse auf den künftigen Endzeitpunkt ergibt.

Ersatzinvestition *(replacement investment):* Ersatz einer alten Anlage durch eine neue gleiche oder zumindest gleichartige Anlage, die ihre wirtschaftliche oder technische Nutzungsdauer erreicht hat.

Ersatzzeitpunkt *(replacement time):* Zeitpunkt, an dem es wirtschaftlich sinnvoll ist, eine technisch noch nutzbare Anlage durch eine neue Anlage zu ersetzen.

Ertragswert *(earning power):* Der Zukunftserfolgswert eines Unternehmens, mit dem sich die Unternehmensbewertung befasst.

Ertragswertverfahren *(capitalized earnings method):* Ein Verfahren der Unternehmensbewertung, bei dem die künftig erwarteten Gewinne, die langfristig bei normaler Unternehmensleistung erzielt werden, diskontiert und aufsummiert werden.

Erweiterungsinvestition *(expansion investment):* Sie stellt eine Vergrößerung der bisherigen Kapazitäten von bestehenden Anlagen bzw. Maschinen dar. Dazu gehören z. B. auch Kapazitätserweiterungen für neuartige Leistungen oder Eingliederung von Leistungsbereichen, z. B. durch Eigenfertigung statt Fremdbezug.

Finanzinvestition *(financial investment):* Unter einer Finanzinvestition versteht man z. B. den Erwerb von Forderungen, Aktien und Beteiligungen.

Gewinnschwelle *(break-even point):* Sie gibt an, ab welcher Ausbringungsmenge X die betrachtete Investitionsvariante in die Gewinnzone tritt.

$$\text{Gewinnschwelle} = \frac{\text{Fixe Kosten}}{\text{Deckungsbeitrag pro Leistungseinheit}}$$

Gewinnvergleichsrechnung *(profit comparison method):* Ein Verfahren der statischen Investitionsrechnung, das die Kostenvergleichsrechnung um die Erlösseite ergänzt. Ein Investitionsobjekt ist vorteilhaft, wenn es einen Gewinn größer als null erwirtschaftet. Bei mehreren Alternativen ist dasjenige Investitionsobjekt am vorteilhaftesten, das den größten Gewinn erzielt.

Immaterielle Investition *(intangible investment):* Dazu gehören z. B. Patente, Lizenzen, Forschung und Entwicklung, Weiterbildung der Mitarbeiter sowie Maßnahmen zur Imagepflege.

Interner Zinsfuß *(internal rate of return):* Zinssatz, der beim Diskontieren der Ein- und Auszahlungen zu einem Kapitalwert von null führt. Der interne Zinsfuß drückt die Rendite (effektive Verzinsung) eines Investitionsobjektes aus. Liegt die interne Verzinsung über dem entsprechenden Kalkulationszinssatz, so ist die Investition als vorteilhaft einzustufen.

Interne Zinsfußmethode *(internal rate of return method):* Verfahren der dynamischen Investitionsrechnung, bei der der interne Zinsfuß als Maßstab der Vorteilhaftigkeit von Investitionen dient. Das Investitionsobjekt mit dem höchsten internen Zinssatz (Rentabilität) ist das Vorteilhafteste.

Investition *(investment):* Verwendung von finanziellen Mitteln zur Beschaffung von Anlagevermögen (z. B. Grundstücke, Gebäude, Maschinen, Fuhrpark, Beteiligungen) und/oder Umlaufvermögen (z. B. Vorräte, Wertpapiere). Eine Investition ist eine Zahlungsreihe, die mit einer Einzahlung beginnt.

Investitionsbudget *(investment budget):* Es fasst die finanziellen Mittel zusammen, die für sämtliche Investitionsvorhaben während einer Planperiode (z. B. ein Jahr) zur Verfügung stehen.

Investitionsplanung *(investment planning):* Hilfsmittel zur systematischen Vorbereitung einer Investitionsentscheidung.

Investitionsrechnung *(investment appraisal):* Hilfsmittel der Investitionsplanung. Sie hat die Aufgabe, die finanziellen Wirkungen einer Investition zu prognostizieren und die dabei gewonnenen monetären Daten so zu verdichten, dass eine zielkonforme Investitionsentscheidung getroffen werden kann.

Kalkulationszinsfuß *(adequate target rate):* Der Kalkulationszinsfuß (i) repräsentiert die vom Investor geforderte Mindestverzinsung. Es wird meist ein Mischzins zwischen Eigenkapital- und Fremdkapitalverzinsung gebildet. Er ist auf ein Jahr bezogen und wird in Dezimalform angegeben: i = 0,10 drückt beispielsweise eine Verzinsung von 10 % pro Jahr aus.

Kapitalkosten *(cost of capital):* Die Kapitalkosten setzen sich aus den kalkulatorischen Abschreibungen pro Zeitperiode und den kalkulatorischen Zinsen des durchschnittlich gebundenen Kapitals zusammen.

Kapitalrückfluss _(reflux of capital)_: Dies sind die laufenden Einzahlungsüberschüsse und die Liquiditätseinzahlungen am Ende der Nutzungsdauer.

Kapitalwert _(capital value)_: Ein Begriff der dynamischen Investitionsrechnung, bei dem alle durch eine Investition verursachten Zahlungen auf den Zeitpunkt $t = 0$ abgezinst und aufsummiert werden. Eine Investition ist vorteilhaft, wenn ihr Kapitalwert größer oder mindestens gleich null ist.

> Barwert aller laufenden Zahlungssalden $(E_t - A_t)$
> + Barwert des Liquidationserlöses L_n
> = Gegenwartserfolgswert künftiger Zahlungen
> − Investitionsauszahlung I_0
> = Kapitalwert C_0

Kapitalwertmethode _(net present value method)_: Eine Methode der dynamischen Investitionsrechnung, die den Kapitalwert einer Investition durch Abzinsung der Ein- und Auszahlung ermittelt. Die Kapitalwertmethode wird zur Bestimmung der Vorteilhaftigkeit einer Investition eingesetzt.

Kostenvergleichsrechnung _(cost comparison method)_: Die Kostenvergleichsrechnung ist die einfachste Form der statischen Investitionsrechnung. Es werden die jährlichen Durchschnittskosten von zwei oder mehreren Investitionsobjekten miteinander verglichen. Das Objekt mit den niedrigsten Kosten ist das vorteilhafteste Objekt. Erlöse werden nicht berücksichtigt.

Kritische Auslastung *(critical load factor):* Sie gibt die Ausbringungsmenge an, bei der die Kosten bzw. Gewinne der alternativen Investitionsobjekte gleich hoch sind. Sie sollte immer dann ermittelt werden, wenn die geplante Auslastung nicht als weitgehend sicher anzunehmen ist. Ermittlung der kritischen Auslastung bei der Kostenvergleichsrechnung:

$$X_{krit} = \frac{K_{fix\ 2} - K_{fix\ 1}}{k_{var\ 1} - k_{var\ 2}}$$

MAPI-Methode *(MAPI-method):* Unter dem Begriff „Machinery and Allied Products Institute" (MAPI) wird ein Investitionsrechenverfahren verstanden, welches der Entscheidungsfindung von Ersatz- und Rationalisierungsinvestitionen dient.

Nutzungsdauer *(useful life):* Zeitraum, in dem das Investitionsobjekt zweckentsprechend genutzt werden kann. Sie ist maßgeblich für die Höhe der kalkulierten Abschreibungen.

Nutzwertanalyse (NWA) *(value benefit analysis)*: Ein Punktewertverfahren für die Bewertung von Alternativen. Die Nutzwertanalyse ist ein Hilfsmittel, um sich für die richtigen Investitionen zu entscheiden. Im Unterschied zur Kostenanalyse untersucht die Nutzwertanalyse die nichtfinanziellen Kriterien. Sie geht im Allgemeinen von Zielvorgaben der Unternehmensführung aus und bewertet danach die einzelnen Handlungsmöglichkeiten, die dem Unternehmensziel am nächsten kommen. Klassische Nutzwertanalysen werden z. B. angewendet bei der:

- Anschaffung von Computersystemen,
- Standortauswahl,
- Implementierung neuer Produktionsabläufe.

Die Vor- und Nachteile der einzelnen Alternativen werden gegenübergestellt, diskutiert und dann entschieden.

Rationalisierungsinvestition *(investment in rationalisation):* Eine Investition zur Steigerung der Leistungsfähigkeit und der Wirtschaftlichkeit (Kostenersparnis).

Rentabilität *(profitability):* Die Rentabilität zeigt die durchschnittliche Verzinsung einer Investition pro Periode an.

Rentabilitätsvergleichsrechnung *(accounting rate of return method):* Verfahren der statischen Investitionsrechnung zur Berechnung der Durchschnittsverzinsung von Investitionsalternativen, bei dem der Gewinn bzw. die Kostenersparnis von Investitionsobjekten zum Kapitaleinsatz ins Verhältnis gesetzt wird.

$$\text{Rentabilität} = \frac{\text{Gewinn vor Zinsen pro Periode}}{\text{durchschnittlich eingesetztes Kapital}} \times 100$$

Rente *(pension):* Eine in gleichen Zeitabständen (von gewöhnlich einem Jahr) regelmäßig wiederkehrende, gleich hohe Zahlung (Annuität).

Rentenbarwertfaktor *(annuity present value factor):* Auch Diskontierungssummenfaktor genannt. Er zinst die periodisch gleich hohen Zahlungen z einer Zahlungsreihe unter Berücksichtigung von Zins und Zinseszins ab und addiert gleichzeitig die Barwerte.

$$\text{Rentenbarwertfaktor (RBF)} = \frac{q^n - 1}{q^n \times i}$$

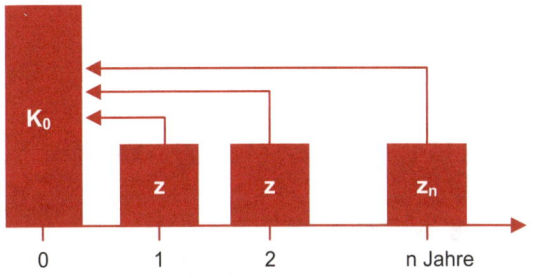

K_0 = Barwert, z = Zahlungsüberschüsse

Abzinsen und Summieren einer Zahlungsreihe

Return on Investment (ROI) *(return on investment):* Die Rentabilität des Kapitaleinsatzes, d. h. das Verhältnis von dem mit einer Investition erzielten Gewinn (vor Fremdkapitalzinsen) zum investierten Kapital.

$$\text{ROI} = \frac{\text{Gewinn}}{\text{Umsatz}} \times \frac{\text{Umsatz}}{\text{investiertes Kapital}}$$

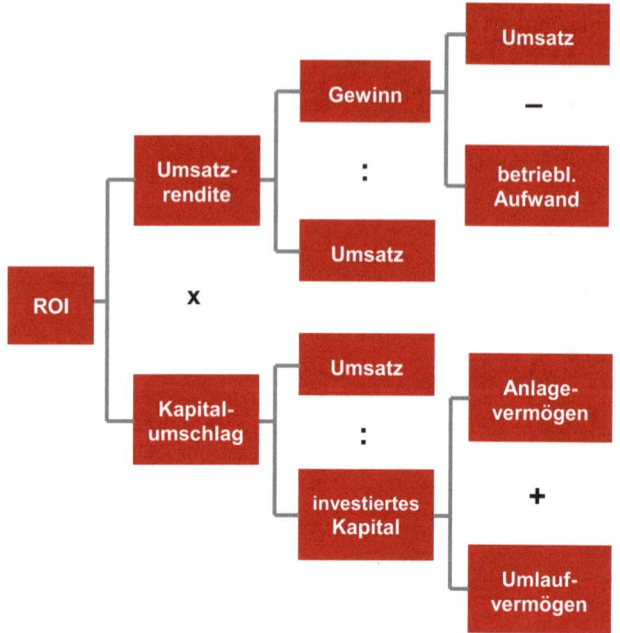

Vereinfachtes Du-Pont-Schema

Sensitivitätsanalyse *(sensitivity analysis):* Überprüfung der Rangfolge von Planungsalternativen in einem Planungsmodell. Es wird die Empfindlichkeit einer Zielgröße in einer Entscheidung mithilfe der Variation einzelner ungewisser Inputgrößen überprüft, üblich z. B. bei Investitionsrechnungen.

Statische Verfahren der Investitionsrechnung *(non-discounting methods of investment appraisal):* Verfahren zur

Beurteilung von Investitionen, die einfach handhabbar sind, da sie die Zeitpunkte von Zahlungen vernachlässigen und nur mit Durchschnittsgrößen arbeiten. Der Zinseszinseffekt wird nicht beachtet. Die wichtigsten statischen Investitionsrechnungsverfahren sind die Kostenvergleichs-, die Gewinnvergleichs-, die Rentabilitäts- und die Amortisationsrechnung.

Substanzwertmethode *(net asset value method):* Eine Methode zur Unternehmenswertberechnung, die allerdings nur das vorhandene Vermögen zugrunde legt und daher i. d. R. als Hilfsmethode dient, z. B. für die Ertragswertmethode. Sie zeigt lediglich den Teilreproduktionswert des zu bewertenden Unternehmens.

Kostenrechnung und Controlling

Die Kostenrechnung und das Controlling sind ein wichtiger Bestandteil innerhalb des betrieblichen Rechnungswesens und eng mit der Buchhaltung verbunden. Durch das Controlling ist es möglich, unternehmerische Entscheidungen in den Bereichen Entwicklung, Fertigung und Vertrieb zu unterstützen und vorzubereiten. Zu den wichtigsten Aufgaben der Kostenrechnung zählt die Kostenkontrolle. Daraus ergibt sich das Ziel der Kostenrechnung, nämlich zu jeder Zeit über die Kosten des Unternehmens auf dem Laufenden zu sein. Hiervon ist letztendlich jede unternehmerische Entscheidung abhängig. Die Kostenrechnung lässt sich dabei in drei Teilbereiche einteilen:

- die Kostenartenrechnung hinterfragt, welche Kosten überhaupt entstanden sind;
- die Kostenstellenrechnung ist dafür zuständig abzuklären, wo die Kosten entstanden sind;
- die Kostenträgerrechnung ermittelt, wofür die Kosten entstanden sind.

Des Weiteren gibt es die Verfahren der Ist-Kostenrechnung, der Normalkostenrechnung und der Plankostenrechnung.

ABC-Analyse *(ABC analysis):* Verfahren zur Klassifizierung, das häufig in der Materialwirtschaft, dem Vertrieb und bei Sortimentsbereinigungen eingesetzt wird. Dabei werden z. B. Produktgruppen in drei Klassen mit unterschiedlicher Bedeutung eingeteilt: A = wichtig, B = weniger wichtig und C = unwichtig. Es wird i. d. R. folgende Einteilung vorgenommen:

- A-Güter: 70-80 % des Gesamtverbrauchswertes, aber nur 10-20 % der gesamten Verbrauchsmenge
- B-Güter: 10-20 % des Gesamtverbrauchswertes und etwa 20-30 % der gesamten Verbrauchsmenge
- C-Güter: 5-10 % des Gesamtverbrauchswertes, aber etwa 60-70 % der gesamten Verbrauchsmenge.

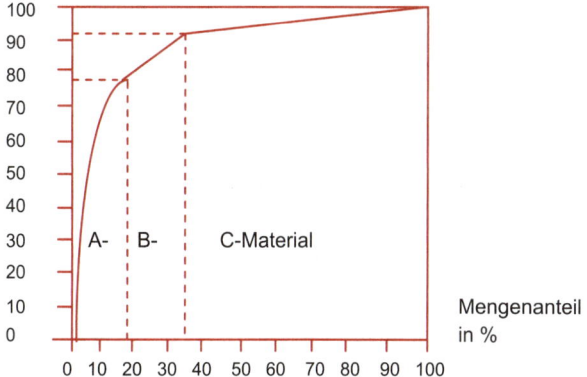

ABC-Analyse

Abweichungsanalyse *(cost variance analysis):* Die Abweichungsanalyse (z. B. hinsichtlich der Kosten) ist für eine Wirtschaftlichkeitsbetrachtung unerlässlich. Sie wird im Rahmen des Controllings mittels eines Vergleichs zwischen den Soll- und den Ist-Werten durchgeführt.

Abzugskapital *(non-interest-bearing liabilities):* Das unverzinslich zur Verfügung stehende Kapital (z. B. Kundenanzahlungen, Lieferantenverbindlichkeiten, passive Rechnungsabgrenzungsposten), das i. d. R. bei der Ermittlung des betriebsnotwendigen Kapitals und somit für die Berechnung der kalkulatorischen Zinsen unberücksichtigt bleibt.

Anderskosten *(different calculated costs):* Anderskosten werden auch als aufwandsungleiche Kosten bezeichnet. Sie liegen dann vor, wenn der Werteverbrauch innerhalb einer Periode sowohl in der Gewinn- und Verlustrechnung als auch in der Kostenrechnung angesetzt wird. Jedoch ist der Wertansatz in der Kostenrechnung anders (höher) als in der Gewinn- und Verlustrechnung. Beispiele für Anderskosten sind: kalkulatorische Abschreibungen, kalkulatorische Zinsen (Fremdkapital) oder kalkulatorische Wagnisse.

Äquivalenzziffern *(weighting figure):* Gewichtungsfaktoren, die angeben, in welchem Verhältnis die Kosten eines Produktes (einer Sorte) zu den Kosten eines Einheitsproduktes stehen.

Äquivalenzziffernkalkulation *(equivalence coefficient costing):* Weiterentwickelte Form der Divisionskalkulation. Sie ist bei einer Sortenfertigung (artgleiche Erzeugnisse) anwendbar, vorausgesetzt die Produkte beruhen auf den gleichen Grundmaterialien und die Be- und Verarbeitung verursachen nicht die gleichen Kosten. Es wird angenommen, dass die Kosten der Produkte in einem bestimmten Verhältnis zueinander stehen, das durch die Äquivalenzziffern ausgedrückt wird. Dem Haupterzeugnis wird die Äquivalenzziffer 1 zugeordnet.

Ausgabe *(expenditure):* Geldwert aller zugegangenen Güter und Dienstleistungen in der Rechnungsperiode.

Auszahlung *(payment):* Zahlungsvorgänge, die durch den Abfluss liquider Mittel (z. B. Barauszahlung oder Überweisung) zu einer Verminderung des Zahlungsmittelbestands führen.

Balanced Scorecard (BSC) *(balanced scorecard):* Steuerungskonzept, das Visionen, Strategien und operatives Handeln verknüpft. Ziel ist es, die Kenngrößen aus Sicht der Unternehmensführung möglichst kompakt darzustellen. Sie umfasst vier verschiedene Perspektiven, die über Ursache-Wirkungs-Ketten miteinander verbunden sind: Finanz-, Kunden-, Prozessperspektive, Lern-/ Wachstumsperspektive.

Benchmarking *(benchmarking):* Eine Methode des Leistungsvergleichs von Dienstleistungen, Produkten, Prozessen und Methoden über mehrere Unternehmen bzw. Betriebe hinweg. Benchmarking ist, vereinfacht ausgedrückt, die Suche nach den besten Lösungen, die zu Spitzenleistungen führen. Ziel ist es, die Leistungsfähigkeit des eigenen Betriebs zu steigern und aus dem Vergleich mit den Besten zu lernen, um selbst die Spitzenposition zu erreichen.

Berichtswesen *(reporting system):* Instrument des Controllings. Zweck ist es, steuerungsrelevante Informationen aus der Kosten- und Leistungsrechnung aufzubereiten und für Entscheidungen bereitzustellen.

Beschäftigung *(capacity):* Auch Beschäftigungsgrad genannt. Die Ausnutzung der produktionstechnischen Kapazität, d. h. das Verhältnis zwischen vorhandener Kapazität (Kann-Produktion) und effektiver Ausnutzung (Ist-Produktion):

$$\text{Beschäftigungsgrad} = \frac{\text{Ist-Produktion}}{\text{Kann-Produktion}} \times 100$$

Beschäftigungsabweichung *(capacity volume variance):* Dies ist bei der flexiblen Plankostenrechnung die Differenz zwischen den Soll-Kosten und den verrechneten Plankosten bei einer bestimmten Ist-Beschäftigung.

Betriebsabrechnung *(operational accounting):* Sie stellt die Ausgangsdaten für die Kostenträgerrechnung zur Verfügung. Bei der Betriebsabrechnung werden i. d. R. monatlich alle Kosten auf die Hauptkostenstellen verrechnet.

Betriebsabrechnungsbogen (BAB) *(cost allocation sheet):* Dient im Rahmen der Kostenstellenrechnung der Verteilung der Gemeinkosten, der Kostenstellenumlage sowie der Ermittlung der Gemeinkostenzuschlagssätze. Die primären Gemeinkosten werden auf die Hilfs- und Hauptkostenstellen verteilt und die innerbetrieblichen Leistungen verrechnet. Der BAB wird für die Betriebsabrechnung benötigt und listet die entstandenen Kosten sowie ihre Umlegung auf die Kosten-stellen in tabellarischer Form auf.

Struktur des Betriebsabrechnungsbogens		
	Hilfskostenstellen	Hauptkostenstellen
Primäre Gemein-kosten	1	Erfassung und Verteilung der primären Gemein-kosten auf die Kostenstellen nach dem Verursa-chungsprinzip
Sekun-däre Gemein-kosten	2	Durchführung der innerbetrieblichen Leistungs-verrechnung (Verteilung der Kosten der Hilfskos-tenstellen auf die Hauptkostenstellen)
	3	Bildung von Kalkulationssätzen für die Haupt-kostenstellen (Gemeinkostenzuschlagssätze für Material, Fertigung, Verwaltung und Vertrieb)
	4	Kostenkontrolle in der Plankostenrechnung (Ermittlung von Über- und Unterdeckungen)

Betriebsergebnis *(operating result):* Erfolgsgröße, die sich aus der ordentlichen betrieblichen Tätigkeit eines Unterneh-mens ergibt.

Betriebsergebnis = Leistung - Kosten

Betriebsergebnisrechnung *(operating statement):* Auch kurzfristige Erfolgsrechnung genannt. Sie dient der Wirt-schaftlichkeitskontrolle eines Unternehmens, indem sie den Betriebserfolg (= Leistungen – Kosten) einer Abrechnungspe-riode der einzelnen Kostenträger und Kostenträgergruppen ermittelt und somit Daten zur Periodenerfolgsrechnung bereitstellt.

Betriebsgrößenersparnisse *(economies of scale):* Es handelt sich um Größenkostenersparnisse, die auf besonders große Produktionsmengen zurückzuführen sind. Dadurch kommt es zu einer Reduktion der Fixkosten, da sich diese auf eine größere Anzahl von Produkten verteilen. (d. h. der Anteil der fixen Kosten je produzierter Einheit wird immer kleiner).

Betriebskosten *(operating costs):* Betriebskosten sind die in einem Betrieb anfallenden Personal- und Sachkosten.

Betriebsnotwendiges Kapital *(necessary operating capital):* Das im Unternehmen eingesetzte Kapital (Eigen- und Fremdkapital), das zum Zweck der betrieblichen Leistungserstellung im Unternehmen gebunden ist.

Bezugsgrößen *(reference values):* Schlüssel, mit denen im Rahmen der innerbetrieblichen Leistungsverrechnung die Gemeinkosten auf unterschiedliche Produkte verrechnet werden. Man differenziert zwischen Mengen- (z. B. m²) und Wertschlüssel (z. B. Einzelkosten).

Break-even-Analyse *(break-even analysis):* Mithilfe der Break-even-Analyse kann man die Gewinnschwelle ermitteln, die die Gewinn- von der Verlustzone trennt (Break-even-Point).

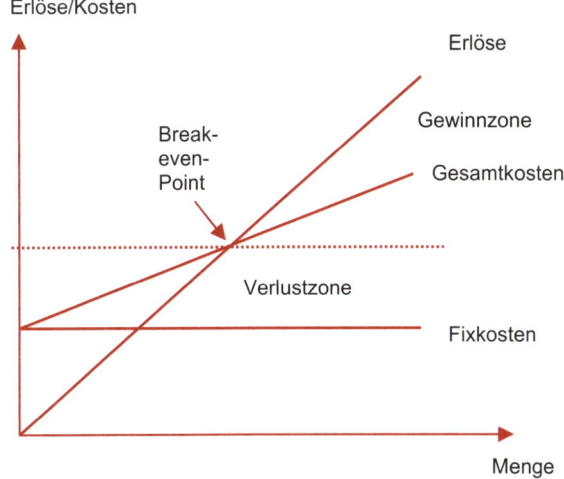

Break-even-Analyse

Break-even-Point *(break-even point):* Die Gewinnschwelle, also der Schnittpunkt der Gesamtkostenfunktion mit der Erlösfunktion. Sie ist dann erreicht, wenn die Erlöse gerade die gesamten Kosten decken. Danach wird Gewinn erzielt. Mithilfe der Break-even-Analyse kann der Punkt ermittelt werden, der die Gewinn- von der Verlustzone trennt (Break-even-Point). Die Break-even-Menge ergibt sich aus der folgenden Formel:

$$\text{Break-even-Menge} = \frac{\text{gesamte Fixkosten}}{\text{Stückdeckungsbeitrag } (p - k_{var})}$$

Break-even-Umsatz *(break-even turnover):* Umsatz, mit dem der Deckungsbeitrag erzielt wird, der gerade zur Deckung der fixen Kosten ausreicht.

Budget *(budget):* Es werden für einen bestimmten Zeitraum (z. B. für ein Jahr) die (geplanten) Einnahmen und Ausgaben aufgestellt. Das Budget dient einerseits zur Planung und andererseits zur Kontrolle.

Budgetierung *(budgeting):* Mithilfe der Budgetierung werden die Aufwendungen und Erträge der künftigen Periode für alle Bereiche eines Unternehmens vorgegeben. Sie fasst zusammen, welche mengen- und wertmäßige Entwicklung erwartet und beabsichtigt wird.

Controlling *(controlling):* Instrument zur Steuerung des Unternehmens, d. h. es hat eine managementunterstützende und koordinierende Funktion. Controlling umfasst die Schritte Planung, Kontrolle und Information, es ist als ein informatives Rückkopplungssystem zu verstehen, das rechtzeitig Interventionen bei Zielabweichungen erlauben soll. Der Controller ist vergleichbar mit dem Navigator an Bord eines Schiffes, der der Schiffsführung Empfehlungen hinsichtlich Kurs und Fahrt des Schiffes gibt; die Entscheidung obliegt jedoch der Führung.

Cost-Center *(cost-center):* Organisatorisch abgegrenzter Teilbereich eines Unternehmens, ähnlich wie eine Kostenstelle. Für ein Cost-Center wird ein Kostenbudget vorgegeben, das durch einen Soll-/Ist-Vergleich kontrolliert wird.

Days Working Capital (DWC): Die Kennzahl (durchschnittliche Verbindlichkeitslaufzeit, durchschnittliche Forderungslaufzeit und durchschnittliche Lagerreichweite) misst die Dauer des im Nettoumlaufvermögen gebundenen Kapitals in Tagen.

Deckungsbeitrag *(contribution margin):* Der Deckungsbeitrag ist die Differenz zwischen den Erlösen und den variablen Kosten. Er zeigt, welcher Teil der Erlöse zur Deckung der fixen Kosten und somit zur Erzielung des Gewinns beiträgt.

Deckungsbeitrag = Erlöse (Umsatz) – variable Kosten

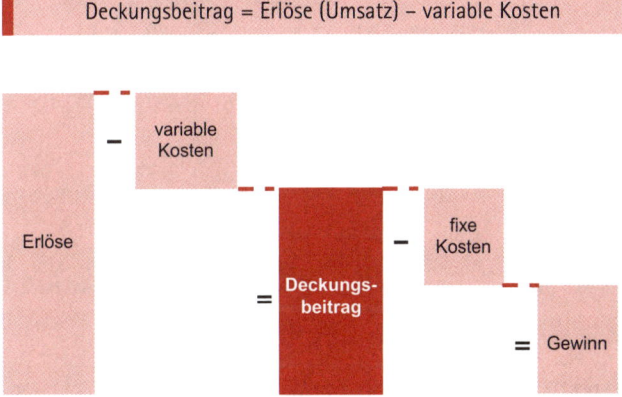

Ermittlung des Deckungsbeitrags

Deckungsbeitragsrechnung *(contribution costing):* Form der Kostenrechnung, die über die Differenz zwischen Umsatzerlösen und variablen Kosten (Deckungsbeiträge) informiert. Auf kurze Sicht soll eine Produktart so lange im Sortiment bleiben, wie sie einen positiven Deckungsbeitrag aufweist. Die folgende Tabelle zeigt die Funktionsweise der mehrstufigen Deckungsbeitragsrechnung:

Bereiche	A			B
Produkte	1	2	3	4
Produktgruppen	I			II
Nettoerlös	600	800	500	900
- variable Kosten	450	550	300	650
= Deckungsbeitrag I	150	250	200	250
- Produktfixkosten	20	20	40	50
= Produktdeckungsbeitrag II	130	230	160	200
= Summe der Deckungsbeiträge II		520		200
- fixe Produktgruppenkosten		70		50
= Produktgruppen-Deckungsbeitrag III		450		150
- Bereichsfixkosten		100		70
= Bereichs-Deckungsbeitrag IV		350		80
= Summe Deckungsbeiträge IV		430		
- Unternehmensfixkosten		130		
= Betriebserfolg		300		

Mehrstufige Deckungsbeitragsrechnung

Direct Costing *(direct costing):* Form der Teilkostenrechnung, bei der konsequent zwischen fixen und variablen Kosten unterschieden wird. Den Kostenträgern werden ausschließlich variable Kosten zugerechnet. Die Fixkosten werden als Block bei der Ermittlung des Periodenerfolgs abgezogen.

Divisionskalkulation *(process costing):* Form der Kalkulation, die sich für Betriebe eignet, die nur ein Erzeugnis herstellen (einfache Divisionskalkulation) oder die wenig differenzierte Sortenprogramme (Äquivalenzziffernkalkulation) herstellen. Bei der einfachen Divisionskalkulation werden die

Gesamtkosten durch die Zahl der Erzeugnisse dividiert; so berechnet man die Selbstkosten je Erzeugnis.

Durchschnittskosten *(average cost):* siehe Stückkosten.

Economies of Scale *(economies of scale):* Sie sind Kostenersparnisse, die aufgrund von Größenvorteilen und Mengeneffekten entstehen. Durch eine hohe Produktions- und Verkaufsmenge können ein hoher Marktanteil und die Kostenführerschaft erreicht werden.

Economies of Scope *(economies of scope):* Auch Verbundvorteile genannt. Kostenersparnisse, die dann entstehen, wenn unterschiedliche Produkte gemeinsam produziert oder vertrieben werden.

Effektivität *(effectivness):* Wirksamkeit, Zweckmäßigkeit und Zielerreichungsgrad der Leistungserstellung. Die Effektivität zeigt das Verhältnis zwischen geplanter Wirkung und tatsächlich erzielter Wirkung einer Leistung.

Effizienz *(efficiency):* Der möglichst wirksame und erfolgreiche Einsatz der Mittel. Effizienz bezeichnet das Verhältnis von Output zu Input im Rahmen gegebener Ziele, also die Wirtschaftlichkeit der Leistungserstellung.

Einnahme *(proceeds income, receipt):* Zunahme des Bestands an Geldvermögen (Zunahme der liquiden Mittel + Zunahme der Forderungen + Abnahme der Schulden) bzw. der Wert aller veräußerten Leistungen, z. B. Verkauf von Waren.

Einzahlung *(payment):* Zunahme des Bestands an liquiden Mitteln (Kassenbestand, Sichtguthaben).

Einzelkosten *(direct costs):* Kosten, die sich unter Beachtung des Kostenverursachungsprinzips direkt auf die Kostenträger (Produkte) eines Unternehmens verteilen lassen. Beispiele für Einzelkosten sind Fertigungsmaterial oder der Fertigungslohn.

Einzelkostenrechnung *(direct cost accounting):* Bei der Einzelkostenrechnung werden die Einzelkosten jeweils direkt der Produkteinheit zugerechnet.

Endkostenstellen *(final cost center):* Kostenstellen, deren Kosten direkt auf die Kostenträger verrechnet werden können. Endkostenstellen können Haupt- oder Nebenkostenstellen sein.

Engpass *(bottleneck):* Teilbereich eines Unternehmens, der die Produktion limitiert. Alle anderen Bereiche des Unternehmens weisen höhere Kapazitäten auf.

Erfahrungskurveneffekt *(experience curve effect):* Die Erfahrungskurve stellt die Beziehung zwischen der kumulierten Produktionsmenge und den realen Stückkosten dar. Eine empirische Untersuchung ergab, dass jede Verdoppelung der kumulierten Produktionsmenge die Stückkosten um einen bestimmten Prozentsatz senkt, dieser liegt meist zwischen 20 und 30 %.

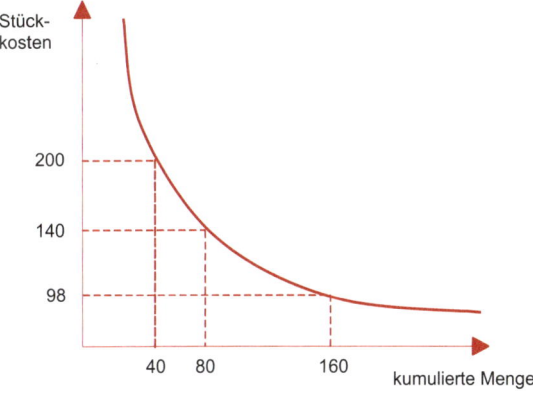

Erfahrungskurve (Steinmann/Schreyögg (2005), S. 225)

Ertrag *(income, earnings, return):* Als Ertrag bezeichnet man den in Geld ausgedrückten Wertezuwachs durch erstellte Güter und Dienstleistungen in einer Abrechnungsperiode (i. d. R. ein Jahr). Er erhöht das Reinvermögen (= Geld- und Sachvermögen) des Unternehmens.

Ex-Post-Analyse *(ex-post analysis):* Betrachtet einen vergangenheitsbezogenen Zeitraum im Gegensatz zur Ex-Ante-Analyse als zukunftsbezogene Betrachtungsweise.

Fertigungsgemeinkosten *(manufactoring overheads):* Summe der Gemeinkosten, die in den Fertigungskostenstellen anfallen und den einzelnen Erzeugnissen nicht direkt zugerechnet werden können.

Fertigungskosten *(manufactoring costs):* Die Fertigungskosten umfassen die Fertigungseinzelkosten, die Fertigungsgemeinkosten und die Sondereinzelkosten der Fertigung.

Fertigungskostenstelle *(manufactoring cost center):* End-
kostenstelle, in der die Haupt- und Nebenprodukte des Unternehmens gefertigt werden.

Fertigungslöhne *(direct labour):* Summe aus dem Entgelt
für unmittelbar an den Kostenträgern erbrachte Leistungen
zuzüglich der gesetzlichen und freiwilligen Sozialleistungen.

Festpreis-Verfahren *(fixed price procedure):* Preis zur
Bewertung von Kostengütern, der über längere Zeit konstant
gehalten und nicht an Preisschwankungen des Marktes angepasst wird.

Fixkosten *(fixed costs):* Gesamtfixkosten fallen unabhängig
von der produzierten Menge immer in derselben Höhe an
(z. B. Mietkosten für eine Produktionshalle). Mit Erhöhung
der Ausbringungsmenge verringern sich jedoch die Fixkosten
je Stück (Stückfixkosten). Fixkosten sind stets Gemeinkosten,
aber nicht alle Gemeinkosten sind fixe Kosten. Fixkosten
können weiter unterteilt werden in:

- absolut-fixe Kosten: Sie bleiben unabhängig von Beschäf-
  tigungsschwankungen konstant und

- sprungfixe Kosten: Sie sind nur für bestimmte Beschäfti-
  gungsintervalle fix – deshalb werden sie auch intervallfixe
  Kosten genannt – und steigen treppenförmig an.

GAP-Analyse *(GAP analysis):* Auch Lücken-Analyse genannt.
Management-Instrument zur Identifikation der Art und des

Umfangs der Lücke zwischen der gewünschten und der aufgrund der gegenwärtigen unternehmerischen Aktivitäten in Zukunft zu erwartenden Unternehmensentwicklung.

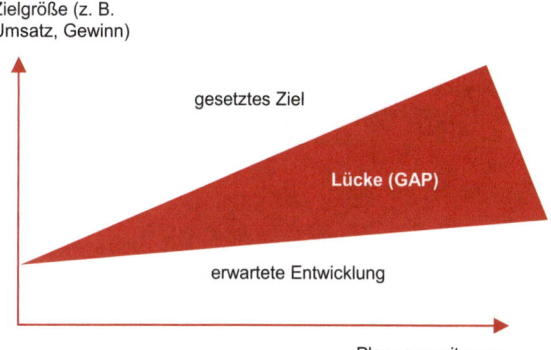

GAP-Analyse

Gemeinkosten *(overheads, indirect costs):* Diese Kosten können den Kostenträgern (Produkten, Aufträgen) eines Unternehmens nicht direkt zugeordnet werden. Die Gemeinkosten fallen immer für mehrere Bezugsgrößen gemeinsam an und werden im Rahmen der Vollkostenrechnung mithilfe von Schlüsselgrößen auf die Produkte verteilt. Es gibt beispielsweise Material-, Fertigungs-, Verwaltungs- und Vertriebsgemeinkosten.

Gemeinkostenzuschlagssatz *(overhead rate):* Die Gemeinkostenzuschläge weisen dem Kostenträger einen bestimmten Anteil an den Gemeinkosten zu. Sie werden berechnet, indem die Gemeinkosten durch eine verursachungsgerechte Bezugsgröße dividiert werden. I. d. R. werden folgende Gemeinkostenzuschlagssätze ermittelt:

$$\text{Materialgemein-} \atop \text{kostenzuschlagssatz} = \frac{\text{Materialgemeinkosten}}{\text{Materialeinzelkosten}} \times 100$$

$$\text{Fertigungsgemein-} \atop \text{kostenzuschlagssatz} = \frac{\text{Fertigungsgemeinkosten}}{\text{Fertigungseinzelkosten}} \times 100$$

$$\text{Verwaltungsgemein-} \atop \text{kostenzuschlagssatz} = \frac{\text{Verwaltungsgemeinkosten}}{\text{Herstellkosten}} \times 100$$

$$\text{Vertriebsgemein-} \atop \text{kostenzuschlagssatz} = \frac{\text{Vertriebsgemeinkosten}}{\text{Herstellkosten}} \times 100$$

Gesamtkosten *(total costs):* Dies sind die Kosten der Gesamtleistung in einer Periode. Entsprechend der Abhängigkeit von der Beschäftigung unterscheidet man fixe und variable Kosten. Die fixen Kosten sind in einer bestimmten Zeitperiode konstant und unabhängig vom Beschäftigungsgrad, d. h. von der Ausnutzung der Produktionskapazität. Die variablen Kosten sind mengenabhängige Kosten, sie verändern sich mit dem Beschäftigungsgrad, d.h. mit der Ausbringungsmenge.

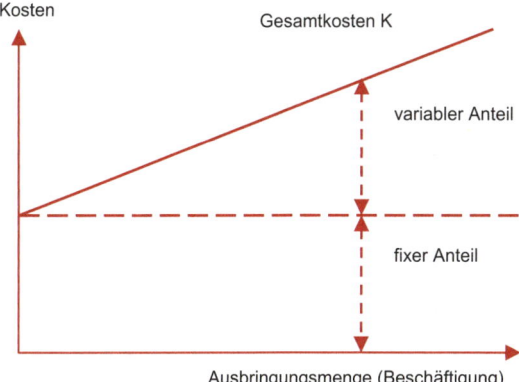

Zusammensetzung der Gesamtkosten

Gesamtkostenverfahren *(nature of expense method):* Verfahren der Betriebsergebnisrechnung. Die gesamten Kosten einer Periode werden mit den erzielten Erlösen, den aktivierten Eigenleistungen und den Bestandsveränderungen an unfertigen und fertigen Erzeugnissen verglichen.

Gleichungsverfahren *(method of compensation):* Auch mathematisches Verfahren genannt. Es kann bei der Kostenstellenrechnung eingesetzt werden, um bei einem wechselseitigen Leistungsaustausch exakte Werte der innerbetrieblichen Verrechnungspreise zu ermitteln. Dazu werden die innerbetrieblichen Leistungsbeziehungen durch ein lineares Gleichungssystem abgebildet.

Grenzkosten *(marginal cost):* Mehrkosten, die für die zusätzliche Produktion einer weiteren Einheit anfallen, also die Kosten der zuletzt erzeugten Einheit.

Grenzplankostenrechnung *(marginal costing):* Eine Form der Plankostenrechnung, die ausschließlich die variablen Kosten betrachtet. Kostenabweichungen können sich daher ausschließlich aus Verbrauchsabweichungen ergeben.

Grundkosten *(basic cost):* Grundkosten werden auch als aufwandsgleiche Kosten bezeichnet. Sie sind Kosten, die den Aufwendungen der Finanzbuchhaltung entsprechen.

Handelsspanne *(trade margin):* Differenz zwischen dem Bezugspreis und dem Verkaufspreis einer Ware. Die Handelsspanne wird in Prozenten angegeben. Bei der Berechnung bleibt die Umsatzsteuer unberücksichtigt.

$$\text{Handelsspanne} = \frac{\text{Nettoverkaufspreis} - \text{Bezugspreis}}{\text{Nettoverkaufspreis}} \times 100$$

Hauptkostenstellen *(direct cost center):* Die Endkostenstellen, an denen die Kosten für die externe Leistungserbringung gesammelt werden, z. B. die Produktion.

Herstellkosten *(production costs):* Die im Rahmen der Kostenrechnung ermittelten Herstellkosten setzen sich aus den Material- und Fertigungskosten zusammen. Sie bilden die Basis für die Verrechnung der Verwaltungs- und Vertriebsgemeinkosten im Rahmen der Zuschlagskalkulation.

Herstellkosten der Produktion *(cost of production):* Dies sind die Herstellkosten der produzierten Menge. Ermittlung:

Materialeinzelkosten (MEK)

+ Materialgemeinkosten (MGK)

+ Fertigungseinzelkosten (FEK)

+ Fertigungsgemeinkosten (FGK)

+ Sondereinzelkosten der Fertigung (SEK_{Fert})

= **Herstellkosten der Produktion (HK_{Prod})**

Herstellkosten des Umsatzes *(cost of sale):* Dies sind die Herstellkosten der abgesetzten Menge. Ermittlung:

Herstellkosten der Produktion (HK_{Prod})

- Bestandsmehrungen

+ Bestandsminderungen

- Aktivierte Eigenleistung

= **Herstellkosten des Umsatzes (HK_{Ums})**

Hilfskostenstelle *(indirect cost center):* Kostenstelle, die innerbetriebliche Leistungen für andere Kostenstellen erbringt. In der innerbetrieblichen Leistungsverrechnung gehen die Kosten der Hilfs- in die Hauptkostenstellen über.

Innerbetriebliche Leistungsverrechnung (ILV) *(internal cost allocation):* Teilbereich der Kostenstellenrechnung. Betrifft alle Leistungen, die allgemeine und Hilfskostenstellen für Hauptkostenstellen erbringen. Die in den allgemeinen und den Hilfskostenstellen erfassten Gemeinkosten werden durch die ILV verursachungsgerecht auf die Hauptkostenstellen umgelegt (mittels Verteilungsschlüsseln).

Ist-Kosten *(actual cost):* Die tatsächlich bei der Herstellung und dem Vertrieb angefallenen Kosten einer Abrechnungsperiode, d. h. die mit Ist-Preisen bewerteten Ist-Verbrauchsmengen.

Ist-Kostenrechnung *(actual cost system):* Ein vergangenheitsorientiertes Kostenrechnungssystem, bei dem die tatsächlich in einer Periode angefallenen Kosten erfasst und verrechnet werden.

Kalkulation *(cost estimating):* Mithilfe der Kalkulation werden die Selbstkosten für einzelne Produkte und Dienstleistungen errechnet, mögliche Angebotspreise für Produkte ermittelt und Kostenkontrollen durchgeführt (siehe auch Kostenträgerrechnung).

Kalkulatorische Kosten *(inputed costs):* Dies sind Kosten, denen ein Aufwand in anderer Höhe (Anderskosten) oder überhaupt kein Aufwand (Zusatzkosten) als der Finanzbuchhaltung gegenüberstehen. Die wichtigsten kalkulatorischen Kosten sind:

- kalkulatorische Abschreibungen,
- kalkulatorische Zinsen,
- kalkulatorische Mieten,
- kalkulatorische Wagnisse und
- kalkulatorischer Unternehmerlohn.

Kapazität *(capacity):* Als Kapazität einer Anlage bezeichnet man ihr maximales Leistungsvermögen in quantitativer und qualitativer Hinsicht.

Kennzahlen *(key performance indicator):* Sie dienen dazu, schnell und prägnant über einen ökonomischen Sachverhalt zu informieren, für den eine Vielzahl relevanter Einzelinformationen vorliegt. Sie sind vereinfachte und komprimierte Abbildungen der Wirklichkeit und stellen zahlenmäßig erfassbare Sachverhalte in einem einzigen Zahlenausdruck dar. Es gibt z. B. Kennzahlen für Controlling, Personal, Marketing, Vertrieb, Bilanzanalyse etc. Häufig eingesetzte Kennzahlen sind: Cashflow, Deckungsbeitrag, Umsatzrentabilität, Eigenkapitalquote etc.

Kosten *(cost):* Der in Geldeinheiten bewertete Verbrauch von Gütern und Dienstleistungen innerhalb einer Periode. Dieser Verbrauch (auch als Werteverzehr bezeichnet) ist notwendig für die Erstellung und den Absatz betrieblicher Leistungen sowie für die Aufrechterhaltung der dafür erforderlichen Kapazitäten Häufig stellen Kosten auch Aufwendungen dar. Den Unterschied zwischen Aufwand und Kosten zeigt die folgende Darstellung:

Aufwendungen					
neutraler Aufwand			Zweck-aufwand	kalkulatorische Kosten	
be-triebs-fremd	außer-ordent-lich	perio-den-fremd	Zweck-aufwand = Grund-kosten	Anders-kosten	Zusatz-kosten
(a)	(b)	(c)	(d)	(e)	(f)
				Kosten	

Beispiele für die Aufwendungen und Erträge:

(a) Spende an eine gemeinnützige Einrichtung

(b) Schäden durch höhere Gewalt, Insolvenzverluste

(c) Aufwendungen für solche Schäden, für die eine zugeringe Rückstellung gebildet wurde

(d) Materialverbrauch für die Produktion

(e) kalkulatorische Abschreibungen, kalk. Zinsen

(f) kalkulatorischer Unternehmerlohn

Kostenartenrechnung *(cost type accounting):* Sie ist der erste Schritt in der Kostenrechnung. In ihr werden die innerhalb einer Abrechnungsperiode angefallenen Kosten nach ihren Arten (z. B. Personal-, Material-, Betriebsmittel- und Zinskosten) bewertet, erfasst und abgegrenzt. Nach ihrer Art der Zurechenbarkeit auf die Produkte werden sie grundsätzlich in direkt zurechenbare Kosten (Einzelkosten) und nicht direkt zurechenbare Kosten (Gemeinkosten) differenziert. Die Einzelkosten gehen direkt in die Kostenträgerrechnung ein und die Gemeinkosten werden in die Kostenstellenrechnung übertragen.

Kostendegression *(cost degression):* Die Kostendegression beschreibt den Sachverhalt, dass die Fixkosten je Stück mit zunehmendem Beschäftigungsgrad sinken. Die Fixkosten entstehen bereits durch die Aufrechterhaltung der Betriebsbereitschaft und verteilen sich daher mit zunehmender Ausbringungsmenge immer besser auf die erzeugten Einheiten.

Kostengüter *(cost goods):* Güter, die für den Betriebszweck verbraucht werden, z. B. Roh-, Hilfs- und Betriebsstofffe sowie Betriebmittel.

Kostenplätze *(cost points):* Abrechnungseinheiten innerhalb einer Kostenstelle, z. B. eine einzelne Fertigungsanlage oder Arbeitsplatzbereiche, die separat kalkuliert werden sollen.

Kostenremanenz *(cost lag):* Zeitlich verzögerte Reaktion der Kosten auf die Verminderung der Beschäftigung, d. h. dass die Kosten bei sinkender Beschäftigung langsamer zurückgehen, als dies aufgrund der vorherigen Kostensteigerung zu erwarten war. Remanente Kosten wären von ihrem Charakter her kurzfristig veränderbar, können aber aufgrund situativer Einflüsse bei einem rückläufigen Beschäftigungsgrad nicht entsprechend angepasst und gesenkt werden.

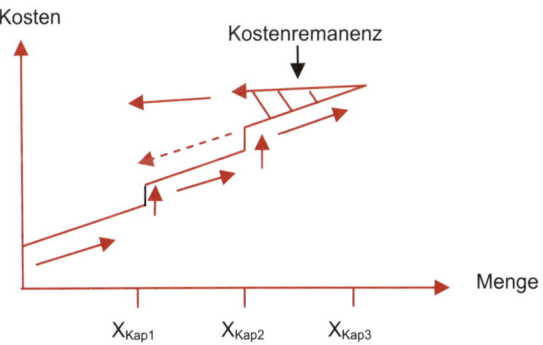

X_{Kap} = Kapazitätsgrenze

Kostenremanenz (Steger: Kosten- und Leistungsrechnung, 4. Auflage 2006, S. 117)

Kostenrechnungssystem *(cost accounting system):* In Abhängigkeit von Umfang und Zeitbezug der Kostenrechnung werden grundsätzlich sechs Kostenrechnungssysteme unterschieden:

- Die Ist-Kostenrechnung auf Vollkosten- und auf Teilkostenbasis
- Die Normalkostenrechnung auf Vollkosten- und auf Teilkostenbasis
- Die Plankostenrechnung auf Vollkosten- und auf Teilkostenbasis (Grenzplankostenrechnung)

Kostenstelle *(cost center):* Ein Abrechnungsbereich des Betriebs, dem zum Zwecke der Budgetierung, Steuerung und Kontrolle Kosten zugerechnet werden. Kostenstellen sind die Orte der Kostenentstehung. Der Kostenstellenplan eines Unternehmens gliedert sich i. d. R. nach Funktionsbereichen in allgemeine Kostenstellen, Material-, Fertigungs-, Verwaltungs- und Vertriebskostenstellen. Nach der Funktion im Produktionsprozess lassen sich die Kostenstellen folgendermaßen unterscheiden:

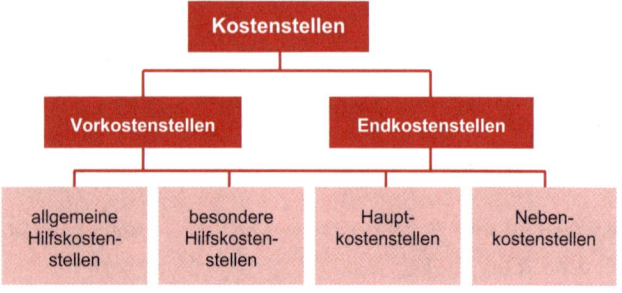

Kostenstellen und Zusammenhang von Kostenstellen

Kostenstellenrechnung *(cost center accounting):* Sie ist der zweite Schritt der Kostenrechnung. Hier erfolgt die Verteilung der durch die Kostenartenrechnung ermittelten Gemeinkosten auf die Kostenstellen zum Zwecke der Budgetierung, Steuerung und Kontrolle sowie zur Ermittlung der Verrechnungssätze für die innerbetriebliche Leistungsverrechnung und zur Ermittlung der Gemeinkostenzuschlagssätze für die Kostenträgerrechnung.

Kostenträger *(cost unit):* Produkte/ Produktgruppe oder Aufträge/ Projekte stellen Kostenträger dar. Alternativ: Güter und/oder Dienstleistungen, die erstellt werden und damit Kosten verursachen, die sie selbst tragen müssen. Sowohl die Absatzleistungen als auch die innerbetrieblichen Leistungen gelten als Kostenträger.

Kostenträgerrechnung *(cost unit accounting):* Hier werden die in der Kostenartenrechnung ermittelten Einzelkosten mit den in der Kostenstellenrechnung verteilten Gemeinkosten zusammengeführt. Die Einzel- und Gemeinkosten werden auf die einzelnen Kostenträger verrechnet, bezogen auf Perioden (Kostenträgerzeitrechnung) oder auf Leistungseinheiten (Kostenträgerstückrechnung = Kalkulation).

Kostenträgerstückrechnung *(calculation):* Sie ist ein Kalkulationsverfahren zur Ermittlung der Herstellkosten und der Selbstkosten der betrieblichen Produkte/Dienstleistungen insbesondere zur Feststellung der Preisuntergrenze, der Kostenkontrolle sowie der Bestandsbewertung.

Kostenträgerzeitrechnung *(cost unit period accounting):* Eine Teilrechnung der Kostenträgerrechnung, in der die Kos-

ten für die in der Abrechnungsperiode produzierte oder abge-
setzte Menge aller Kostenträger ermittelt werden. Durch die
Gegenüberstellung der Kosten mit den erzielten Erlösen kann
eine kurzfristige Erfolgsrechnung durchgeführt werden (siehe
Betriebsergebnisrechnung).

Kostenverrechnungsprinzip *(cost allocation principle):*
Grundsatz, nach dem Kosten bestimmten Bezugsobjekten
zugeordnet werden.

Kosten- und Leistungsrechnung *(cost and activity
accounting):* Ein betriebswirtschaftliches Informations- und
Leistungsinstrument. Darin werden die im Rahmen der betrieblichen Leistungserstellung und -verwertung entstandenen Kosten systematisch erfasst, verteilt und zugerechnet.

Kuppelkalkulation *(joint calculation):* Verfahren der Kostenträgerstückrechnung. Kuppelprodukte sind Erzeugnisse,
die im Rahmen eines Produktionsprozesses gleichzeitig entstehen, i. d. R. ein Hauptprodukt und mehrere Nebenprodukte. Die Kostenverrechnung erfolgt hier i. d. R. mittels der
Verteilungs- oder Restwertrechnung.

Leerkosten *(idle-capacity costs):* Entstehen bei Unterbeschäftigung, d. h., wenn die Anlagen nicht oder nicht voll
ausgenutzt werden. Es handelt sich um die Differenz zwischen fixen Kosten und Nutzkosten, also um Kosten der nicht
genutzten Kapazität. Bei Unterauslastung der Produktionskapazitäten können nicht alle Kosten für bereitgestellte Kapazitäten den unfertigen und fertigen Erzeugnissen zugerechnet
werden. Die nicht zurechenbaren Kosten sind die Leerkosten

und dürfen nicht in die zu Herstellungskosten bewerteten unfertigen und fertigen Erzeugnisse einbezogen werden.

Leistung *(output):* Die im Produktionsprozess erstellten und in Geld bewerteten Güter und/oder Dienstleistungen. Leistungen beinhalten einen Wertezuwachs, d. h. eine Erhöhung des Vermögens, das durch den betrieblichen Leistungsprozess entstanden ist. Man unterscheidet

- die Leistungen für den Markt (verkaufte Leistunge; Lagerleistungen, die für den Absatzmarkt bestimmt sind) und

- die Leistungen für den Betrieb (Eigenleistungen, z. B. eine selbst erstellte Maschine, oder innerbetriebliche Leistungen, z. B. Reparaturleistungen).

Make or Buy *(make or buy):* Eine Entscheidung, ob ein Produkt oder eine Dienstleistung selbst hergestellt (make) oder eingekauft (buy) wird. Dabei spielen in erster Linie die Kostengesichtspunkte eine Rolle.

Maschinenlaufzeit *(machine time):* Die Zeit, in der die Produktionsanlage eines Unternehmens innerhalb einer Periode genutzt wird.

Maschinenstundensatzrechnung *(machine hour accounting):* Sie verbessert die Genauigkeit der Kostenzurechnung in anlagenintensiven Betrieben. Mit ihr werden die Kosten der Maschinen und Anlagen auf die Betriebszeiten verursachungsgerechter umgerechnet.

Materialkosten *(material costs):* Summe der Kosten für Roh-, Hilfs- und Betriebsstoffe, die sich aus den Materialeinzelkosten und den Materialgemeinkosten zusammensetzen.

Materialeinzelkosten *(direct material costs):* Bewerteter Verbrauch von Materialien, deren mengenmäßiger Verbrauch direkt bei den Kostenträgern erfasst wird.

Materialgemeinkosten *(material overhead):* Eine Komponente der Materialkosten, die sich vor allem aus den Kosten für die Beschaffung, Prüfung, Lagerung und Abnahme des Materials zusammensetzen.

Nachkalkulation *(actual cost calculation):* Sie ist eine Kalkulation aufgrund tatsächlich angefallener Kosten (Ist-Kosten) für die erbrachte Leistung. Diese werden mit den Soll-Kosten der Vorkalkulation verglichen.

Nebenkostenstellen *(departmental cost center):* Die Endkostenstellen, in denen Nebenprodukte entstehen, z. B. durch die Verarbeitung von Abfallprodukten.

Normalbeschäftigung *(normal level of capacity):* Beschäftigungsgrad, der sich ergibt als Durchschnitt der Beschäftigungsgrade vergangener Perioden oder als Durchschnitt der für die künftigen Perioden erwarteten Beschäftigungsgrade.

Normalkosten *(normal cost):* Basieren auf dem Durchschnitt der Ist-Kosten der vergangenen Perioden. Sie ermöglichen eine Kostennivellierung, d. h. so können Schwankungen des Beschäftigungsgrades oder Änderungen der Beschaffungspreise von der laufenden Kalkulation ferngehalten werden.

Normalgemeinkosten *(normal overhead cost):* Die Durchschnittswerte der vergangenen Perioden. Sie werden mit den Ist-Gemeinkosten verglichen. Die Differenzen stellen die Kostenüber- bzw. die Kostenunterdeckung dar. Es lässt sich also feststellen, ob im Vergleich eher mehr oder weniger Kosten entstanden sind. Des Weiteren ermöglichen sie die Berechnung der Normalgemeinkostenzuschlagssätze.

Normalkostenrechnung *(normal costing):* Sie basiert ebenso wie die Ist-Kostenrechnung auf Vergangenheitsdaten, d. h. es werden statt der tatsächlich angefallenen Kosten (Ist-Kosten) die vergangenheitsorientierten Normalkosten verrechnet.

Nutzkosten *(used capacity costs):* Die Differenz zwischen fixen Kosten und Leerkosten: Jener Teil der fixen Kosten, der auf die genutzte Kapazität entfällt.

Nutzwert *(utility value):* Das Ergebnis aus weichen und harten Faktoren der Nutzwertanalyse. Der Nutzwert wird ermittelt durch Multiplikation von Gewicht und Erfüllung. Er zeigt an welche Alternative das jeweilige Kriterium am besten erfüllt. Zu den harten Faktoren zählen alle Werte, die durch Geld bewertet werden können. Die weichen Faktoren (soft facts) bilden die nicht durch Geld bewertbaren Faktoren, die im Wesentlichen durch persönliche Empfindungen geprägt sind, (z. B. langjährige Geschäftsbeziehung, Vertrauen, Kulanz).

Nutzwertanalyse *(value benefit analysis):* Mithilfe der Nutzwertanalyse sollen nicht-monetäre Teilziele vergleichbar gemacht werden, um so eine Entscheidung zwischen mehreren Alternativen treffen zu können.

Opportunitätskosten *(opportunity costs):* Auch Alternativkosten genannt. Entstehen dadurch, dass vorhandene Möglichkeiten zur Nutzung von Ressourcen nicht wahrgenommen werden können. Opportunitätskosten sind die entgangenen Gewinne, die man in der zweitbesten Verwendungsalternative des Produktionsfaktors erzielen könnte.

Periodenerfolgsrechnung *(period income statement):* Ermittelt den Gesamterfolg über alle Produkte (Kunden, Absatzgebiete etc.) einer Abrechnungsperiode. Wird mit dem Gesamtkosten- oder dem Umsatzkostenverfahren berechnet.

Personalkosten *(staff costs):* Zu den Personalkosten zählen neben den Löhnen und Gehältern auch die gesetzlichen und freiwilligen sozialen Leistungen des Unternehmens.

Planbeschäftigung *(planned level of activity):* Der für die zukünftige Periode erwartete Beschäftigungsgrad. Er dient als Grundlage für die Ermittlung der Plankosten.

Plankosten *(budget costs):* Die vor Beginn einer Abrechnungsperiode aufgrund der angenommenen Planbeschäftigung anzusetzenden Kosten.

Plankostenrechnung *(standard cost accounting):* Sie gibt periodenbezogen für die Leistungen von Kostenstellen und Kostenträgern entsprechende Plankosten vor. Am Ende der Abrechnungsperiode erfolgt eine Gegenüberstellung der Plankosten und der Ist-Kosten.

Plankostenrechnung, flexible *(flexible standard cost accounting):* Bei dieser Form der Plankostenrechnung wird zwischen variablen und fixen Kostenbestandteilen unterschieden. Dadurch ist es möglich, Soll-Kosten für eine bestimmte Ist-Beschäftigung zu ermitteln. Somit können folgende Kostenabweichungen festgestellt werden:

- Beschäftigungsabweichung (signalisiert nicht ausgelastete Kapazitäten) = Soll-Kosten – verrechnete Plankosten
- Verbrauchsabweichung (Hinweis auf einen nicht wirtschaftlichen Faktoreinsatz) = Ist-Kosten – Sollkosten
- Preisabweichung = (Ist-Einstandspreis – Plan-Einstandspreis) x Ist-Verbrauchsmenge
- Gesamtabweichung = Ist-Kosten – verrechnete Plankosten

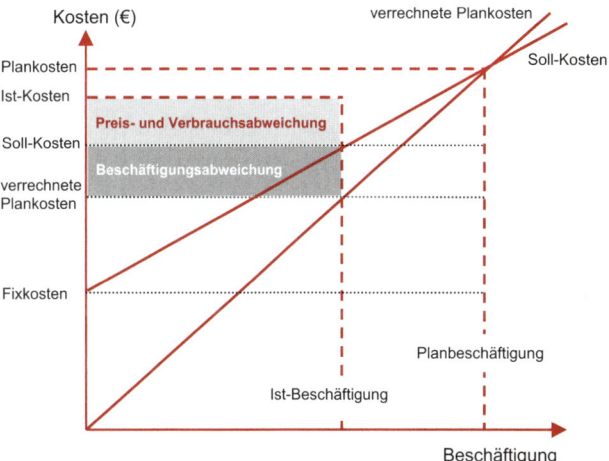

Abweichungsanalyse bei der flexiblen Plankostenrechnung bei angenommener Unterbeschäftigung

Im Wesentlichen unterscheidet sich die flexible von der starren Plankostenrechnung durch die Annahme alternativer künftiger Beschäftigungsdaten. Die flexible Plankostenrechnung kann auch auf Teilkostenbasis erfolgen und wird dann als Grenzplankostenrechnung bezeichnet.

Plankostenrechnung, starre *(fixed standard cost accounting):* Eine Form der Plankostenrechnung, die auf Vollkosten basiert und von einem festen Beschäftigungsgrad ausgeht. Dadurch sind i. d. R. keine aussagekräftigen Analysen von Verbrauchs- und Beschäftigungsabweichungen möglich.

Portfolioanalyse *(portfolio analysis):* Sie wurde von der Boston Consulting Group entwickelt und ist ein Instrument der strategischen Planung. Sie basiert auf dem Produktlebenszyklus-Konzept und dem Erfahrungskurveneffekt. Das Marktwachstum und der relative Marktanteil (RMA) bilden in diesem Portfolio die strategischen Erfolgsfaktoren. Das reale Marktwachstum zeigt die Entwicklungschance der strategischen Geschäftseinheit auf dem Markt. Der relative Marktanteil dagegen ist auf die Gegenwart bezogen und vom Unternehmen selbst beeinflussbar. Stellt man den eigenen Marktanteil mit dem des größten Konkurrenten ins Verhältnis, kann der relative Marktanteil ermittelt werden. So bedeutet ein relativer Marktanteil größer als 1,0 die Marktführerschaft des eigenen Unternehmens. Mit der folgenden Formel kann der relative Marktanteil beschrieben werden.

$$\text{relativer Marktanteil} = \frac{\text{eigener Marktanteil}}{\text{Marktanteil größter Konkurrent}}$$

Die folgende Abbildung zeigt beispielhaft, wie die strategischen Geschäftseinheiten in die vier verschiedenen Quadranten der Marktanteils-Marktwachstums-Matrix eingeordnet werden können.

Marktanteils-Marktwachstums-Portfolio (in Anlehnung an Steinmann/Schreyögg: Management, 2005, S. 249)

- **Nachwuchsprodukte:** Sie befinden sich in der Einführungs- oder Wachstumsphase des Produktlebenszyklus. Das Management steht vor der Entscheidung, in welche Produkte investiert werden soll.

- **Star-Produkte:** Sie sind durch hohes Marktwachstum und einen hohen relativen Marktanteil gekennzeichnet. Der Investitionsbedarf bleibt in der Wachstumsphase weiterhin hoch. Die Normstrategie verlangt, hier zu investieren.

- **Milchkühe:** Sie zeichnen sich durch einen hohen relativen Marktanteil bei niedrigem Marktwachstum aus. Es sind keine wesentlichen Investitionen mehr notwendig und somit entstehen hohe Cashflow-Überschüsse. Dagegen werden Rationalisierungsmaßnahmen immer wichtiger.

- **Auslaufprodukte:** Sie haben nur noch einen geringen relativen Marktanteil in langsam wachsenden oder sogar stagnierenden Märkten. Ihr Lebenszyklus befindet sich in der späten Reife- bzw. Sättigungsphase. Die schlechte Kostenposition führt zu negativen oder bestenfalls ausgewogenen Cashflows.

Primärkosten *(primary costs):* Kosten, die dadurch entstehen, dass Güter und Dienstleistungen von außen bezogen werden. Die primären Gemeinkosten werden von allen Kostenstellen gesammelt und im Betriebsabrechnungsbogen getrennt ausgewiesen.

Produktivität *(productivity):* Mengenmäßiges Verhältnis von Output (Ergebnis) zu Input (eingesetzte Ressourcen).

Produktlebenszyklus *(product life cycle):* Das Produktlebenszykluskonzept stellt einen idealtypischen Verlauf des Produkts dar, der nicht als zwingend verstanden werden darf. Es lassen sich die folgenden vier Teilphasen unterscheiden:

1 In der **Einführungsphase** steht das Ziel im Vordergrund, für das neue Produkt einen Markt zu gewinnen. Hier fallen die Deckungsbeiträge der Produkte noch negativ aus, da den Umsatzzahlen hohe Aufwendungen im Produktions- und Distributionsbereich gegenüberstehen.

2 Die **Wachstumsphase** dagegen ist durch positive Deckungsbeiträge gekennzeichnet, da die Umsätze stark zunehmen. In dieser Phase ist es wichtig, schnell zu wach-

sen, um Marktanteile zu gewinnen und durch steigende Produktion die Stückkosten zu senken, um sog. Erfahrungskurveneffekte zu nutzen. Durch Erweiterungsinvestitionen wird ein erhöhter Kapitalbedarf notwendig.

3 In der **Reifephase** nimmt der Umsatzzuwachs des Produkts wieder ab, wobei der Deckungsbeitrag sein Maximum erreicht hat. Die Bedarfssättigung sowie alternative Problemlösungen, bedingt durch technischen Fortschritt, führen zu verlangsamter Zunahme des Absatzes.

4 Die **Sättigungsphase** ist gekennzeichnet durch das Umsatz- und Cashflow-Maximum des Produkts, wobei die Gewinne wieder abnehmen.

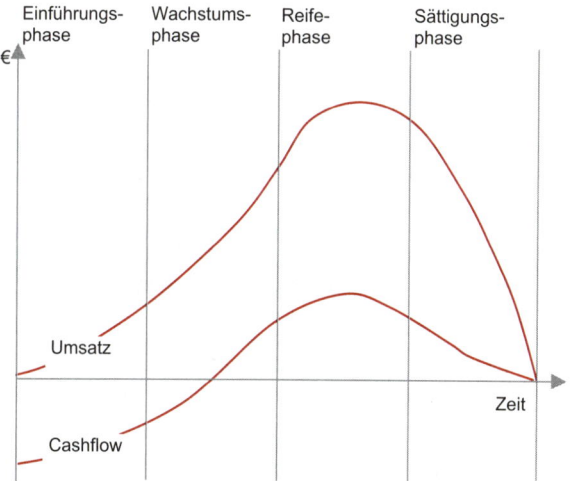

Konzept des Produktlebenszyklus (Steinle, C.; Daum, A: Controlling, 2007, S. 280)

Prozesskosten *(activity based cost):* Summe der einem Prozess zugerechneten Kosten.

Prozesskostenrechnung *(activity based costing):* Mit ihr können die Kosten der indirekten Unternehmensbereiche besser geplant und gesteuert bzw. auf die Produkte oder Dienstleistungen zugerechnet werden. Die Verrechnung der Gemeinkosten erfolgt nicht über die Kostenstellen, sondern über abgegrenzte Prozesse.

Sachkosten *(material expensis):* Es kann zwischen fixen und variablen Sachkosten unterschieden werden. Zu den fixen Sachkosten gehören z. B. Mietzinsen, Leasing-, Versicherungs- oder Verwaltungskosten. Variable Sachkosten umfassen z. B. Kosten für Waren und Dienstleistungen der Lieferanten, Verpackungs- und Transportkosten.

Rückwärtskalkulation *(target pricing):* Falls der Wettbewerb sehr stark ist, so ist der maximale Verkaufspreis in gewissen Grenzen festgelegt. Auf dieser Basis berechnet der Händler, zu welchem Preis er das Produkt höchstens einkaufen dar.

Sekundärkosten *(secondary costs):* Kosten, die über innerbetriebliche Leistungsverrechnung abgerechnet werden (z. B. für eine interne Reparaturabteilung).

Sekundärkostenrechnung *(secondary cost accounting):* Unter der Sekundärkostenrechnung versteht man die Weiterverrechnung der Kosten von den Hilfskostenstellen auf die Haupt- und Nebenkostenstellen. Die Verrechnung erfolgt mithilfe der innerbetrieblichen Leistungsverrechnung.

Selbstkosten *(total production costs):* Die Summe aller durch den Leistungsprozess eines Betriebs entstandenen Kosten für die Herstellung eines Kostenträgers (Produkt oder Erzeugnis). Sie enthalten somit die Material-, Fertigungs-, Entwicklungs-, Verwaltungsgemein- und Vertriebsgemeinkosten.

Soll–Kosten *(target cost(s)):* Kostenvorgaben, die für die jeweilige Ist-Beschäftigung der flexiblen Plankostenrechnung gelten, werden als Soll-Kosten bezeichnet.

$$\text{Sollkosten} = \frac{\text{var. Plankosten x Istbeschäftigung}}{\text{Planbeschäftigung}} + \text{fixe Plankosten}$$

Soll–Ist–Kostenvergleich *(target–performance comparison of costs):* Analyse von Abweichungen zwischen den prognostizierten Soll-Kosten und den tatsächlichen Ist-Kosten.

Sondereinzelkosten *(special direct costs):* Kosten, die neben den Sacheinzelkosten und Personalkosten den Kostenträgern zugeordnet werden, obwohl sie in der Kostenstellenrechnung nicht berücksichtigt werden. Es wird zwischen den Sondereinzelkosten der Fertigung (z. B. Kosten für Sonderanfertigungen) und den Sondereinzelkosten des Vertriebs unterschieden.

Standardkosten *(standard cost(s)):* Ein für einen längeren Zeitraum vorgegebener Plankostensatz für ein Produkt, der auf der Basis von Standardgrößen (festgelegter Beschäftigungsgrad, Preise und mengenmäßigen Verbrauchsstandards) ermittelt wurde.

Standardkostenrechnung *(standard cost accounting):* Hat die Plankostenrechnung Budget-, Norm- und Vorgabecharakter, so bezeichnet man diese Form als Standardkostenrechnung. Die Standardkosten sind aufgrund der festen Preiskomponente ein Maß für die Wirtschaftlichkeit.

Stromgrößen *(flow):* Stromgrößen (Einzahlung, Auszahlung, Einnahme, Ausgabe, Ertrag, Aufwand, Kosten, Leistungen) beschreiben Veränderungen von Größen (Vermögensgegenstände, Schulden, Eigenkapital). Diese Veränderungen entstehen aufgrund von wirtschaftlichen Transaktionen (Kauf/Verkauf) innerhalb von Zeiträumen (z. B. Jahr, Rechnungsperiode).

Stückkosten *(unit cost):* Auch Durchschnittskosten genannt. Im Gegensatz zu den Gesamtkosten sind Stückkosten die Selbstkosten je Stück (Mengen- oder Volumeneinheit) eines Gutes. Im Rahmen der Kostenträgerrechnung dienen sie u. a. zur Kalkulation der Preisuntergrenze.

Stufenleiterverfahren *(step-ladder method):* Verfahren der innerbetrieblichen Leistungsverrechnung, das im Rahmen der Kostenstellenrechnung eingesetzt wird. Dabei gilt es, im Betriebsabrechnungsbogen die Kosten der Hilfskostenstellen auf die Hauptkostenstellen zu verteilen. Dies ist notwendig, da bestimmte Leistungen eines Betriebsbereiches an anderer Stelle verbraucht werden. Der wechselseitige Leistungsaustausch muss in der Kostenrechnung berücksichtigt werden. Man beginnt mit der Hilfskostenstelle, die die wenigsten Leistungen von anderen Hilfskostenstellen empfängt, und legt ihre primären Kosten entsprechend der Leistungsabgabe auf die nachfolgenden Stellen um. Schrittweise verfährt man genauso mit den folgenden Kostenstellen, solange, bis sämtliche Posten der Hilfskostenstellen aufgelöst wurden. Dieses stufenweise Vorgehen erklärt auch den Namen dieses Verfahrens. Die folgende Grafik stellt dies schematisch dar:

	Hilfskostenstellen				Hauptkostenstellen		
	1	**2**	**3**	**4**	**5 ....**
primäre Gemeinkosten	X	X	X	X	X ....
innerbetriebliche Leistungsverrechnung	➡	X ➡	X ➡	X ➡	X ....
		➡	X ➡	X ➡	X ....
			➡	X ➡	X ....
				➡	X ....

Vorgehensweise beim Stufenleiterverfahren
(Haberstock: Kostenrechnung I, 13. Auflage 2008, S. 131)

Stufenweise Fixkostendeckungsrechnung *(multi-level fixed cost absorption):* Eine auf dem Direct Costing basierende Form der Teilkostenrechnung, die auf einer Spaltung der Kosten in fixe und variable Bestandteile basiert.

SWOT-Analyse *(SWOT analysis):* Wichtiges Instrument der strategischen Planung zur Situationsanalyse und Strategiefindung dar. SWOT steht für Strengths (Stärken), Weaknesses (Schwächen), Opportunities (Chancen), Threats (Risiken). Sie fasst die Ergebnisse der externen Analyse und der internen Analyse zusammen und vereint somit die Stärken-Schwächen-Analyse des Unternehmens mit der Chancen-Risiko-Analyse des Umfeldes.

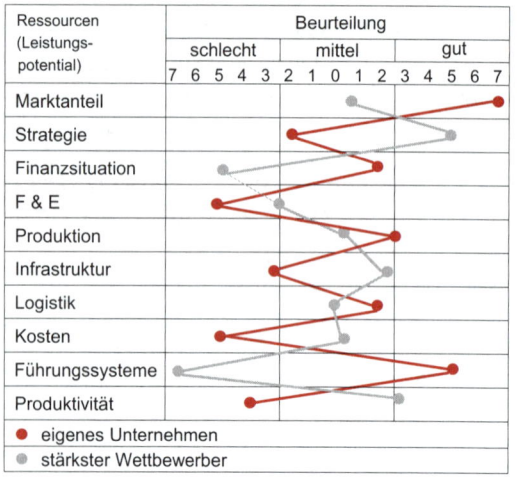

Ressourcen (Leistungspotential)	Beurteilung														
	schlecht					mittel					gut				
	7	6	5	4	3	2	1	0	1	2	3	4	5	6	7
Marktanteil															
Strategie															
Finanzsituation															
F & E															
Produktion															
Infrastruktur															
Logistik															
Kosten															
Führungssysteme															
Produktivität															

● eigenes Unternehmen
● stärkster Wettbewerber

Beispiel Stärken-Schwächen-Analyse
(www.controllingportal.de, 2006)

Das Ziel der SWOT-Analyse besteht darin herauszufinden, inwieweit die gegenwärtige Strategie des Unternehmens sowie seine spezifischen Stärken und Schwächen geeignet, ausreichend und relevant sind, um auf die Veränderungen in der Unternehmensumwelt zu reagieren. Die Chancen-Risiko-Analyse hilft, künftige Entwicklungen frühzeitig zu erkennen, und gibt somit die Möglichkeit, Maßnahmen einzuleiten, um Chancen zu nutzen bzw. Risiken entgegenzuwirken. Die folgende Abbildung fasst die möglichen Kombinationen von Stärken und Schwächen sowie Chancen und Risiken und die hieraus resultierenden Strategien zusammen.

SWOT-Matrix		Ergebnis der Unternehmensanalyse	
		Stärken (Strengths)	Schwächen (Weakness)
Ergebnis der Umfeldanalyse	Chancen (Opportunities)	**SO-Analyse:** Einsatz der Stärken des Unternehmens zur Ausnutzung der Chancen des Unternehmensumfeldes (insbesondere Wachstumsstrategie)	**WO-Analyse:** Überwindung der Schwächen des Unternehmens durch die Ausnutzung der Chancen des Unternehmensumfeldes
	Gefahren (Threats)	**ST-Analyse:** Einsatz der Stärken des Unternehmens zur Minimierung der Risiken des Unternehmensumfeldes	**WT-Analyse:** Minimierung des Schwächen des Unternehmens durch die Ausnutzung des Unternehmensumfeldes

SWOT-Analyse (Baum et al.: Strategisches Controlling, 4. Auflage 2007, S. 74)

Target Costing *(Zielkostenrechnung)*: Unter Target Costing versteht man ein streng marktorientiertes Kostenmanagementkonzept. Im Vergleich zu den traditionellen Kostenrechnungssystemen wird der Preis nicht aufgrund einer Addition sämtlicher Kosten zuzüglich eines Gewinnzuschlags ermittelt. Stattdessen dient ein streng marktorientiert ermittelter Preis als Basis zur Ermittlung der Kostenstruktur. Target Costing beginnt mit einer Festlegung des Zielpreises und der Zielkosten. Im nächsten Schritt werden die Produktzielkosten in Baugruppen- und Komponentenkosten aufgegliedert. Im letzten Schritt werden Maßnahmen ergriffen, um die ermittelten Zielkosten zu erreichen. Die zentrale Frage des Target Costing lautet: Wie viel darf ein bestimmtes Produkt kosten?

Teilkostenrechnung *(variable/direct costing):* Bei der Teilkostenrechnung werden nur die entscheidungsrelevanten Kosten (variablen Kosten oder Einzelkosten) erfasst, d. h. es werden nur die variablen Kosten auf einen Kostenträger verrechnet. Man verzichtet auf die Verteilung der fixen Kosten, die man lediglich als Kostenblock berücksichtigt.

Umfeldanalyse *(environment analysis):* Ziel der Umfeldanalyse ist es, mögliche Entwicklungstendenzen zu erkennen und hieraus Chancen und Risiken abzuleiten, die sich für das Unternehmen ergeben können. Der Bezug zur Umwelt stellt ein grundlegendes Merkmal der Strategie dar. Das Ziel des strategischen Managements muss darin liegen, durch eine passende Strategie das Unternehmen an seine Umwelt optimal anzupassen oder die Umwelt im Sinne der Unternehmensziele zu beeinflussen bzw. eintretenden Umweltereignissen aktiv entgegenzuwirken.

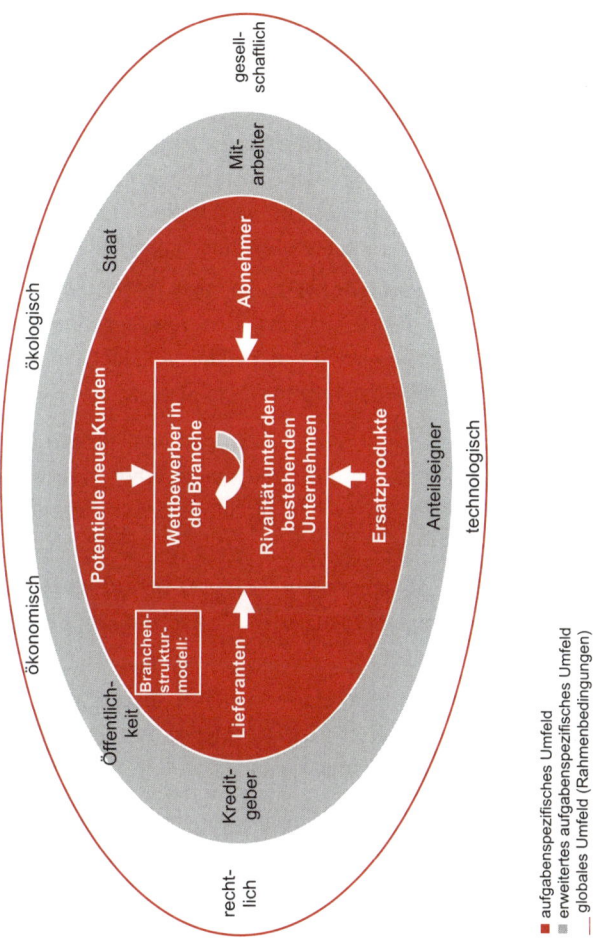

Überblick über die Analyse des Unternehmensumfeldes (Baum u.a.: Strategisches Controlling, 4. Auflage 2007, S. 56)

Umlage *(apportionment):* Die innerbetriebliche Verteilung von Kosten anhand von Schlüsseln, wie z. B. Mitarbeiterzahl, Nutzungsfläche.

Umsatzkostenverfahren *(cost of sales method):* Beim Umsatzkostenverfahren werden den Umsatzerlösen einer Periode nur die Kosten gegenübergestellt, die für die Herstellung der zur Umsatzerzielung erbrachten Leistungen angefallen sind.

Variable Kosten *(variable costs):* Variable Kosten verändern sich bei Änderung der Produktions- bzw. Absatzmenge (Ausbringungsmenge). Sie sind damit mengenabhängige Kosten. Die Veränderung der Kosten kann wie folgt aussehen:

- proportional (linearer Verlauf) (proportional, linear): Mit jeder Einheit mehr produzierter Menge erhöhen sich die variablen Kosten im gleichen Verhältnis (Stückkosten bleiben gleich).

- überproportional (progressiver Verlauf) (progressive): Mit jeder Einheit mehr produzierter Menge erhöhen sich die variablen Stückkosten.

- unterproportional (degressiver Verlauf) (degressive): Mit jeder Einheit mehr produzierter Menge vermindern sich die variablen Stückkosten.

Variator *(variator):* Ein Variator gibt an, um wie viel Prozent sich die Plankosten ändern, wenn der Beschäftigungsgrad um 10 % variiert.

$$\text{Variator} = \frac{\text{variable Plankosten bei Planbeschäftigung}}{\text{gesamte Plankosten bei Planbeschäftigung}} \times 10$$

Verbrauchsabweichung *(usage variance):* Sie wird im Rahmen der Plankostenrechnung ermittelt. Die Verbrauchsabweichung stellt die Differenz zwischen den Ist-Kosten bei der Ist-Beschäftigung und den Soll-Kosten bei der Ist-Beschäftigung dar. Da sie auf einen unplanmäßigen Verbrauch von Kostengütern hinweist, muss sie vom verantwortlichen Kostenstellenleiter vertreten werden, außer es handelt sich um eine Preisabweichung.

Verrechnungspreis *(transfer price):* Preis, mit denen Lieferungen und Leistungen, die innerhalb eines Betriebs oder in einem Konzern erfolgen, verrechnet werden. Die Verrechnungspreise können von den Marktpreisen abweichen.

Verursachungsprinzip *(causing principle):* Prinzip der Kostenverteilung: Einem Kostenträger werden nur die Kosten zugerechnet, die auch von ihm verursacht wurden. Üblicherweise sind dies die Einzelkosten und bestimmte Teile der Gemeinkosten.

Verteilungsschlüssel *(cost allocation base):* Der Verteilungsschlüssel dient als Bezugsgröße zur Verteilung der Gemeinkosten auf die Kostenstellen.

Vollkosten *(full cost(s)):* Vollkosten sind alle Kosten, die direkt (Einzelkosten) und indirekt über Umlagen (Gemeinkosten) für die Erbringung einer Leistung innerhalb einer Periode anfallen.

Vollkostenrechnung *(absorption costing, full cost accounting):* Ein Kostenrechnungssystem, das – im Gegensatz zur Teilkostenrechnung – alle angefallenen Kosten auf die Kostenträger verrechnet. Die Vollkostenrechnung hat einen festen Fixkostenbestandteil, unabhängig vom Beschäftigungsgrad. Die stückbezogene Betrachtung der Kosten einer beliebigen Ausbringungsmenge zeigt, dass eine Fixkostendegression, d. h. eine Kostenabnahme, bei steigender Menge zu beobachten ist.

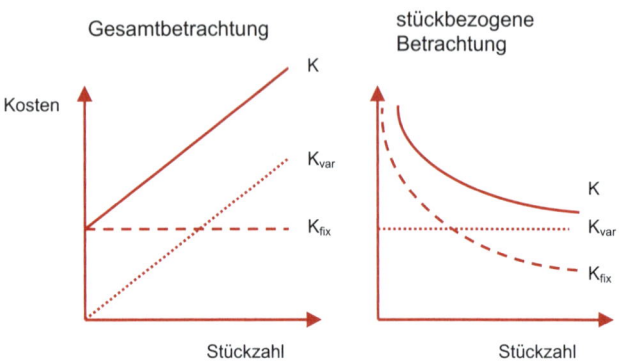

Kostenverläufe bei der Fixkostendegression

Vorkalkulation *(preliminary costing):* Kalkulation auf der Grundlage von Plankosten oder Normalkosten, z. B. um ein Angebot zu erstellen.

Vorkostenstelle *(auxiliary cost centre):* Hilfskostenstellen, die für die anderen Kostenstellen Leistungen einbringen, d. h. selbst nicht direkt an der Produktion der Endprodukte beteiligt sind. Sie werden im Betriebsabrechnungsbogen auf andere Kostenstellen umgelegt und somit aufgelöst.

Wagniskosten *(risk costs):* Kalkulatorische Kosten, mit denen kalkulierbare bzw. aus der Erfahrung gewonnene Risiken über längere Zeiträume in der Kostenrechnung abgebildet werden, um so Schwankungen in der langfristigen Darstellung der Kostenentwicklung zu vermeiden und dennoch durchschnittlich realistische Kostenwerte zu erhalten.

Wiederbeschaffungskosten *(replacement costs):* Kosten, die für die Wiederbeschaffung eines Vermögensgegenstandes (z. B. einer Maschine) aufgewendet werden müssen. Es handelt sich dabei um einen noch nicht realisierten Wert. Die Wiederbeschaffungskosten dienen als Grundlage für die Ermittlung der kalkulatorischen Abschreibungen.

Wirtschaftlichkeitskontrolle *(economic efficiency control):* Vergleich der Ist-Kosten mit einer Normgröße und Analyse der festgestellten Abweichungen, um im Leistungserstellungs- und -verwertungsprozess Unwirtschaftlichkeiten zu erkennen und zu vermeiden.

Working Capital Management *(working capital management):* Beim Working Capital Management stehen die Verbesserungen der Prozesse im Vordergrund. Dazu gehören die Verringerung der Lagerbestände sowie das schnellere Eintreiben der Forderungen. Eine optimierte Bezahlung von Rechnungen führt zu einer geringeren Zinsbelastung. Ziel ist es, die Kapitalbindung im Unternehmen zu reduzieren.

Zielkosten *(target costs):* Kostenvorgaben für einen Betrieb auf der Grundlage von Marktanalysen.

Zusatzkosten *(additionaly absorbed cost):* Zusatzkosten sind aufwandslose Kosten, d. h. sie werden in der Finanzbuchhaltung nicht erfasst, müssen aber in der Kostenrechnung zusätzlich berücksichtigt werden. Beispiele für Zusatzkosten sind: kalkulatorischer Unternehmerlohn, kalkulatorische Miete und kalkulatorische Zinsen auf das Eigenkapital.

Zuschlagskalkulation *(job (order) cost system):* Sie wird bei der Einzel- und Serienfertigung von Produkten angewendet und unterscheidet zwischen Einzel- und Gemeinkosten. Letztere werden mittels Zuschlagsprozentsätzen, die sich aus der Relation der Periodengemeinkosten (z.B. Materialgemeinkosten zu einer wertmäßigen Bezugsgröße (z.B. Materialeinzelkosten) ergeben, auf die Kostenträger verrechnet. Das Schema der Zuschlagskalkulation können Sie auf der folgenden Tabelle entnehmen.

Zweckaufwand *(operating expense):* Betriebsaufwand, dem Kosten in gleicher Höhe gegenüberstehen.

Zwischenkalkulation *(interim calculation):* Auch als mitlaufende Kalkulation bezeichnet. Ermittlung der Kosten eines Kostenträgers (Auftrag oder Produkt) zu verschiedenen Zeitpunkten während des längeren Herstellungsprozesses, aber vor Abschluss der Fertigstelllung, z. B. für die Kostenkontrolle.

Kostenbestandteile	Periodengemein-kosten	Zuschlags-basis
Materialeinzelkosten	-	-
+ Materialgemein-kosten	Gemeinkosten der Materialstelle	Material-einzelkosten
= Materialkosten	-	-
Fertigungseinzelkos-ten	-	-
+ Fertigungs-gemeinkosten	Gemeinkosten der Fertigungsstellen	Fertigungs-einzelkosten
+ Sondereinzelkosten der Fertigung	-	-
= Fertigungskosten	-	-
Materialkosten	-	-
+ Fertigungskosten	-	-
= Herstellkosten	-	-
Herstellkosten	-	-
+ Verwaltungs-gemeinkosten	Gemeinkosten der Verwaltungsstellen	Herstell-kosten
+ Vertriebsgemein-kosten	Gemeinkosten der Vertriebskosten	Herstell-kosten
+ Sondereinzelkosten des Vertriebs	-	-
= Selbstkosten		

Schema der differenzierenden Zuschlagskalkulation

Buchführung und Bilanzierung

Die Buchführung erfasst ordnungsgemäß und lückenlos alle Geschäftsvorfälle im Unternehmen, die mit Geld bewertet werden. Sie zeigt den Bestand und die Veränderungen des Vermögens sowie der Schulden eines Unternehmens an. Außerdem ermittelt sie den Unternehmenserfolg und liefert Daten und Zahlen für die Kontrolle und effiziente Steuerung des Betriebsgeschehens. Des Weiteren dient sie als Grundlage der Besteuerung und als Dokumentations- und Beweismittel gegenüber Außenstehenden, z. B. bei Rechtsstreitigkeiten.

Die Bilanz gibt zu einem bestimmten Bilanzstichtag einen Überblick über die Vermögens-, Finanz- und Ertragslage eines Unternehmens. Dies geschieht in Form einer Gegenüberstellung des Vermögens mit dem Kapital, mit dem das Vermögen finanziert wurde. Die Gewinn-und Verlustrechnung als Zeitraumrechnung gibt Auskunft über Art, Höhe und Quellen des Periodenergebnisses.

Abschlussbuchungen *(annual closing entries):* Die für die Erstellung der Bilanz notwendigen Buchungen. Sie betreffen sowohl die Erfolgskonten, die über das GuV-Konto, als auch die Bestandskonten, die über das Schlussbilanzkonto abgeschlossen werden.

Abschlussstichtag *(balance sheet date):* Der Bilanzstichtag für die Erstellung des Jahresabschlusses.

Abschreibungen *(depreciation, write down):* Mit den planmäßigen Abschreibungen wird der Werteverzehr für abnutzbare materielle und immaterielle Vermögensgegenstände erfasst. Mit ihrer Hilfe werden im Rechnungswesen die für diese Vermögensgegenstände anfallenden Anschaffungs- oder Herstellungskosten erfolgswirksam als Aufwand (Kosten) auf mehrere Rechnungsperioden aufgeteilt. Weitere Abschreibungsformen sind:

- Außerplanmäßige Abschreibungen (non-scheduled depreciation): Abschreibungen, die gemäß Handelsrecht vorzunehmen sind bei eingetretenen Wertminderungen, die nicht im Abschreibungsplan (planmäßige Abschreibung) berücksichtigt wurden (z. B. eine defekte Maschine oder Veralterung von Anlagegütern aufgrund von technischen Weiterentwicklungen).

- Kumulierte Abschreibungen (accumulated depreciation): Der Werteverzehr einer Anlage seit Beginn der Inbetriebnahme. Sie erscheinen in der Anlagenbuchhaltung für jedes Anlagegut und geben Auskunft über die Abnutzung der Anlage. Im Anhang werden sie im Anlagengitter ausgewiesen.

Abschreibungsbasis *(depreciation and amortization base):* Die Abschreibungsbasis im externen Rechnungswesen stellen i. d. R. die Anschaffungs- oder Herstellungskosten dar.

Abschreibungsplan *(depreciation shedule):* Der Abschreibungsplan legt fest, wie die Anschaffungs- oder Herstellungskosten eines Vermögensgegenstandes auf die Geschäftsjahre verteilt werden, in denen der Vermögensgegenstand voraussichtlich genutzt werden kann.

Abschreibungsverfahren *(method of depreciation):* Man unterscheidet zwischen linearen, degressiven, progressiven und leistungsbezogenen Abschreibungsmodellen. Die leistungsbezogene Abschreibung orientiert sich an der Ausbringungsmenge. Bei der progressisen Abschreibung steigen die Abschreibungsbeträge pro Periode. Am häufigsten werden die beiden folgenden Abschreibungen angewendet:

- Lineare Abschreibung (straight line method): Abschreibung in gleichbleibenden Jahresbeträgen.

- Degressive Abschreibung (degressive depreciation): Auch geometrisch-degressive Abschreibung genannt. Abschreibung in fallenden Jahresbeiträgen, d. h. die Abschreibungsbeträge nehmen von Jahr zu Jahr ab.

Lineare Abschreibungsbeträge

Degressive Abschreibungsbeträge

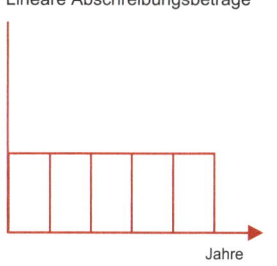 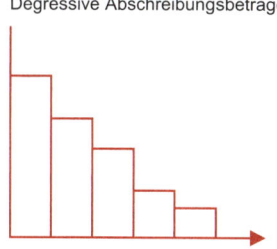

Jahre   Jahre

Lineare und degressive Abschreibung

Absetzung für Abnutzung (AfA) *(allowance for depreciation):* Dies ist der steuerliche Begriff für Abschreibung. Im Steuerrecht sind i. d. R. nur die lineare und die geometrisch-degressive Abschreibungsmethode zugelassen. Die gewöhnliche Nutzungsdauer eines Vermögensgegenstandes ist aus den amtlichen AfA-Tabellen zu entnehmen. Die geometrisch degressive Abschreibung ist in den Jahren 2009 und 2010 auf höchstens 25 % und den maximal 2,5-fachen Wert der linearen Abschreibung begrenzt.

Abweichendes Geschäftsjahr *(non-calendar accounting year):* Von einem abweichenden Geschäftsjahr spricht man, wenn das Geschäftsjahr als Gewinnermittlungszeitraum nicht mit dem Kalenderjahr übereinstimmt.

Ad-hoc-Publizität *(ad hoc publicity):* Unternehmen, dessen Wertpapiere zum Handel an einem inländischen organisierten Markt zugelassen sind oder die eine Zulassung beantragt haben, sind gesetzlich verpflichtet, kursrelevante Tatsachen sofort zu veröffentlichen.

Aktienoptionsprogramm *(stock (share) option programm):* Entlohnungsform, bei der Bezugsrechte an ausgewählte Mitarbeiter, insbesondere Mitglieder des Managements und Führungskräfte ausgegeben werden. Diese sind nach dem Erreichen festgelegter Erfolgsziele des Unternehmens (Gewinnziele) berechtigt, eine bestimmte Anzahl an Aktien der Gesellschaft innerhalb einer bestimmten Ausübungsfrist zu erwerben.

Aktiva *(asset side):* Die Summe aller Vermögensposten einer Bilanz. Im Gegensatz dazu stellt die Passiva die Summe des Kapitaleinsatzes zur Finanzierung der Vermögensposten dar. Die Summe der Aktiva ist immer gleich der Summe der Passiva. Die Aktiva wird in Anlagevermögen, Umlaufvermögen, aktive Rechnungsabgrenzungsposten, aktive latente Steuern und den aktiven Unterschiedsbetrag aus der Vermögensrechnung untergliedert.

Aktivieren *(capitalize):* Das Ausweisen der Vermögensgegenstände auf der Aktivseite der Bilanz .

Aktivierte Eigenleistungen *(internally produced and capitalized assets):* Innerbetriebliche Leistungen, die nicht in der Periode ihrer Erstellung verbraucht werden, sondern über mehrere Perioden genutzt werden. Sie werden zu Herstellungskosten aktiviert und über den Zeitraum ihrer Nutzung abgeschrieben.

Aktivtausch *(accounting exchange on the asset side):* Innerhalb der Aktivseite der Bilanz findet eine Bilanzveränderung statt, die aus der Umschichtung zwischen zwei oder mehreren Aktivposten resultiert, aber keinerlei Auswirkung auf die Bilanzsumme hat.

Anhang *(notes):* Der Anhang ist bei Kapitalgesellschaften, bestimmten Personengesellschaften und Unternehmen, die dem Publizitätsgesetz unterliegen, Teil des Jahresabschlusses. Im Anhang werden die einzelnen Posten der Bilanz und der Gewinn- und Verlustrechnung erläutert oder ihre Angaben ergänzt (§§ 284-288 HGB).

Anlagenbuchhaltung *(fixed-assets accounting):* Hier wird das Anlagevermögen eines Unternehmens erfasst und bewertet. Sie hat die Aufgabe, die Vermögensgegenstände des Anlagevermögens nach Art und Menge nachzuweisen sowie die Werte des Anlagenbestandes fortzuschreiben. Außerdem erfasst sie die planmäßigen und außerplanmäßigen Abschreibungen der Vermögensgegenstände.

Anlagengitter *(fixed assets movement shedule):* Auch Anlagenspiegel genannt. Er zeigt die Entwicklung der einzelnen Posten des Anlagevermögens, wie z. B. Grundstücke, Gebäude, Maschinen, Beteiligungen etc. Für Kapitalgesellschaften ist handelsrechtlich vorgeschrieben, dass sie für bestimmte Posten die Anschaffungs- oder Herstellungskosten, die Zugänge, Abgänge, Umbuchungen und Zuschreibungen während des Geschäftsjahres sowie die kumulierten Abschreibungen seit Inbetriebnahme der Vermögensgegenstände und die Abschreibungen des Geschäftsjahres angeben.

Anlagevermögen *(fixed asset):* Dazu gehören Vermögensgegenstände eines Unternehmens, die über einen längeren Zeitraum dem Geschäftsbetrieb dienen und nicht zur Veräußerung bestimmt sind. Das sind insbesondere das Sachanlagevermögen wie z. B. Grund und Boden, Gebäude, Maschinen, Betriebs- und Geschäftsausstattung, Fuhrpark, aber auch immaterielle Vermögensgegenstände wie Patente und der Geschäfts- oder Firmenwert sowie Beteiligungen und Wertpapiere, die man als Finanzanlagevermögen bezeichnet.

Anschaffungskosten *(historical costs):* Diese umfassen sämtliche Ausgaben, um einen Vermögensgegenstand zu erwerben und in einen betriebsbereiten Zustand zu versetzen. Hierunter fallen auch die Anschaffungsnebenkosten (z. B. Transport- und Montagekosten), die zur Bereitstellung der Leistungsfähigkeit des Gegenstandes nötig sind, und die nachträglichen Anschaffungskosten. Anschaffungspreisminderungen (Skonti, Boni, Rabatte oder Preisnachlässe) dagegen reduzieren die Anschaffungskosten. Die Anschaffungskosten können nach folgendem Schema ermittelt werden:

	Anschaffungspreis
+	**Anschaffungsnebenkosten** für
	den Erwerb (z. B. Grunderwerbsteuer, Grundbuchgebühren, Provisionen etc.), den Transport (z. B. Bezugskosten, Frachten, Versicherungen), die Inbetriebnahme (z. B. Montagekosten)
+	**nachträgliche Anschaffungskosten** (Umbau- und Ausarbeiten, Zubehörteile für Anlagen),
-	**Anschaffungspreisminderungen** (z. B. Skonti, Boni, Rabatte, Gutschriften, Zuschüsse)
=	**Anschaffungskosten**

Anschaffungsnebenkosten *(incidental acquisition costs):* Alle Aufwendungen, die zusätzlich zum Kaufpreis anfallen, um den Vermögensgegenstand in einen betriebsbereiten Zustand zu versetzen.

Assoziierte Unternehmen *(associated companies, associates):* Unternehmen, die nach der Equity-Methode in den Konzernabschluss einbezogen werden. Die Muttergesellschaft kann zwar einen maßgeblichen, aber keinen beherrschenden Einfluss ausüben (Beteiligungshöhe zwischen 20 und 50 %).

At Equity *(at equity):* Bewertung von Beteiligungen an assoziierten Unternehmen mit deren anteiligem Eigenkapital und deren anteiligem Jahresergebnis.

Aufbewahrungsfristen *(retention periods):* Die Fristen, die Kaufleute für die Aufbewahrung von Geschäftsunterlagen einhalten müssen. Handelsbücher, Inventare, Jahresabschlüsse, die erforderlichen Anweisungen sowie Buchungsbelege sind zehn Jahre aufzubewahren. Empfangene und abgesandte Handelsbriefe sind sechs Jahre aufzubewahren.

Aufwandsrückstellungen *(provision for operating expense):* Rückstellungen für die im Geschäftsjahr unterlassenen Aufwendungen für Instandhaltung, die im folgenden Geschäftsjahr innerhalb der ersten drei Monate nachgeholt werden, sowie Rückstellungen für Abraumbeseitigung, die im folgenden Geschäftsjahr nachgeholt werden.

Aufwand *(expense):* Der bewertete Verbrauch von Gütern und Dienstleistungen einer Rechnungsperiode (Werteverzehr = Verbrauch von Roh-, Hilfs- und Betriebsstoffen, Löhne und

Gehälter, Abschreibungen und Zinsen). Die Aufwendungen vermindern den Gewinn und zehren das Eigenkapital auf.

Ausleihungen *(loans):* Forderungen gegenüber verbundenen Unternehmen, Beteiligungen und Sondervermögen, die gegen Hingabe von Kapital erworben wurden (z. B. gewährter Kredit). Die Ausleihungen gehören zu den Finanzanlagen.

Ausschüttungssperre *(distribution restriction):* Wegen der Haftungsbeschränkung der Kapitalgesellschaften erfordert der Gläubigerschutz eine Begrenzung der auszuschüttenden Beträge. Dadurch soll der Erhalt eines Mindesthaftungsvermögens gesichert werden. Es bestehen nach HGB folgende Ausschüttungssperrvorschriften:

- für den Betrag aktivierter, selbst geschaffener immaterieller Vermögensgegenstände des Anlagevermögens abzüglich der auf diesen gebildeten latenten Steuern (§ 268 Abs. 8 Satz 1 HGB);

- für den Betrag, um den die angesetzten aktiven latenten Steuern die passiven latenten Steuern übersteigen (§ 268 Abs. 8 Satz 2 HGB) sowie

- für den aktivierten Unterschiedsbetrag aus der Vermögensverrechnung nach § 246 Abs. 2 HGB abzüglich der hierfür gebildeten passiven latenten Steuern (§ 268 Abs. 8 Satz 3 HGB).

Außerordentlicher Ertrag *(extraordinary income):* Ein außerhalb der eigentlichen Geschäftstätigkeit eines Unternehmens erwirtschafteter Erlös, z. B. der Gewinn aus einem Finanzanlagenverkauf (Verkaufspreis höher als Buchwert).

Ausgabe *(expenditure):* Verringerung des Geldvermögens (Geldvermögen = Zahlungsmittelbestand + Forderungen – Verbindlichkeiten), d. h. Abfluss von Zahlungsmitteln in Form von Bar- oder Buchgeld oder Erhöhung der Verbindlichkeiten.

Außerordentliches Ergebnis *(extraordinary result, extraordinary profit or loss):* Die Differenz zwischen den in einer bestimmten Periode erwirtschafteten außerordentlichen Erträgen und Aufwendungen. Außerordentliche Aufwendungen und Erträge sind nicht regelmäßig wiederkehrend, z. B. Gewinne aus Betriebsveräußerungen, Kosten für einen Sozialplan oder außergewöhnliche Schadensfälle.

Ausstehende Einlagen *(subcribed capital unpaid):* Das ausstehende Kapital, das von den Kapitaleignern noch zu leisten ist. Die nicht eingeforderten ausstehenden Einlagen auf das gezeichnete Kapital sind offen, d. h. in der Vorspalte der Bilanz vom Posten „Gezeichnetes Kapital" (§ 272 Abs. 1 HGB) abzusetzen. An die Stelle des Postens „Gezeichnetes Kapital" tritt dann der Posten „Eingefordertes Kapital" als Saldo, während auf der Aktivseite der eingeforderte, aber noch nicht eingezahlte Betrag mit entsprechender Bezeichnung unter den Forderungen auszuweisen ist.

Auszahlungen *(payment):* Die tatsächlichen Zahlungsmittelabflüsse (Bargeld und Sichtguthaben) aus dem Unternehmen in einer bestimmten Periode. Auszahlungen mindern den Bestand an liquiden Mitteln (z. B. Kasse, Bank).

Bedingtes Kapital *(contingent capital):* Eine bedingte Kapitalerhöhung einer Aktiengesellschaft darf nur in dem Maße in Anspruch genommen werden, wie es zur Gewährung von Umtausch- oder Bezugsrechten erforderlich ist.

Belegprinzip *(document principle):* Dieses Prinzip besagt, dass keine Buchung ohne Beleg durchgeführt werden darf; ggf. ist ein Eigenbeleg zu erstellen.

Beizulegender Wert *(market value):* Wert, der als Korrekturwert bei einer voraussichtlich dauernden Wertminderung des Anlagevermögens bzw. bei einer vorübergehenden Wertminderung des Umlaufvermögens stets anzusetzen ist. Der beizulegende Wert kann aus dem niedrigeren Wert der Wiederbeschaffungs- bzw. Wiederherstellungskosten oder aus dem Einzelveräußerungserlös ermittelt werden.

Bestandskonto *(inventory account):* Bestandskonten bilden die Bestandteile der Bilanz und weisen Vermögens- oder Kapitalstände an. Die Bestandskonten auf der Aktivseite der Bilanz zeigen die Vermögensgegenstände (z. B. Anlagevermögen, Umlaufvermögen), während Bestandskonten auf der Passivseite Auskunft über die Finanzierung des Vermögens (z. B. durch Eigen- oder Fremdkapital) geben.

Bestandsveränderungen *(change in stock):* Sie erfassen die Mehrungen oder Minderungen des Bestandes an unfertigen und fertigen Erzeugnissen.

Beteiligungen *(investments):* Anteile an anderen Unternehmen, die gemäß § 271 Abs. 1 HGB bestimmt sind, dem eigenen Geschäftsbetrieb durch Herstellung einer dauernden Verbindung zu dienen. Von einer Beteiligung spricht man, wenn i. d. R. mehr als 20 % der Anteile an einem anderen Unternehmen gehalten werden.

Betriebsergebnis *(operating income):* Bei diesem Posten der Ergebnisrechnung erfolgt eine Gegenüberstellung von Erträgen und Aufwendungen, die unmittelbar mit der betrieblichen Leistungserstellung in Verbindung stehen.

Betriebsstoffe *(operating supplies):* Stoffe, die für die Herstellung von Produkten benötigt werden, aber nicht in die Erzeugnisse eingehen. Sie dienen lediglich zur Durchführung der Fertigung, z. B. Schleifmittel bei der Möbelherstellung.

Betriebsvermögensvergleich *(operating assets comparison):* Steuerliche Gewinnermittlungsart, nach welcher der Gewinn (§ 4 Abs. 1 EStG) durch Bestandsvergleich, d. h. Betriebsvermögensvergleich ermittelt wird. Den Gewinn ermittelt man aus dem Unterschiedsbetrag zwischen dem Betriebsvermögen am Ende des Wirtschaftsjahres und dem Betriebsvermögen zu Beginn des Wirtschaftsjahres, vermehrt um Entnahmen und vermindert um Einlagen.

Betriebswirtschaftliche Auswertungen (BWA) *(management analysis):* Basieren meist auf den Daten aus der Finanzbuchhaltung. Die BWA stellt unterjährig die Entwicklung der Aktiva und Passiva des Unternehmens dar und gibt Auskunft über die Kosten- und Erlössituation. Sie dient als Reporting-Instrument für den Unternehmer, die Eigenkapitalgeber und die Fremdkapitalgeber.

Bewegungsbilanz *(statement of changes in financial position):* Zeigt die Veränderung der Bestandskonten zwischen zwei Bilanzstichtagen. Es wird detailliert dargestellt, aus welchen Quellen dem Unternehmen in der Berichtsperiode Mittel zugeflossen sind (Mittelherkunft) und wofür sie verwendet wurden (Mittelverwendung). Die Mittelherkunft resultiert aus dem Cashflow, aus der Erhöhung des Kapitals (Aufnahme von Fremd- oder Eigenkapital) und der Abnahme von Vermögensbeständen (Lagerabbau, Verkauf von Anlagen). Die Mittelverwendung ergibt sich aus Vermögenszunahmen (Investitionen ins Anlagevermögen, Debitorenwachstum) und Schuldenabnahme (Kreditrückzahlung, Abnahme der Lieferantenverbindlichkeiten).

Bewertung *(valuation):* Der Vorgang, bei dem der Wert der einzelnen, unter den Bilanzposten (Aktiva, Passiva) zu findenden Vermögensgegenstände und Schulden ermittelt wird.

Bilanz *(balance sheet):* Zeitpunktrechnung, die zu einem bestimmten Stichtag den Stand des betrieblichen Vermögens (Aktiva) sowie des Eigen- und Fremdkapitals (Passiva) eines Unternehmens darstellt. Die Bilanz ist Teil des Jahresabschlusses und stellt die unternehmerische Mittelherkunft/Finanzierung (Passiva) der Mittelverwendung/Vermögen (Aktiva) gegenüber.

Bilanz	
Aktiva	**Passiva**
Anlagevermögen	Eigenkapital
Umlaufvermögen	Fremdkapital

Der Begriff Bilanz leitet sich vom italienischen Wort „bilancio" ab, das eine Waage mit zwei Schalen bezeichnet. Beide Seiten der Bilanz weisen stets die gleiche Höhe auf.

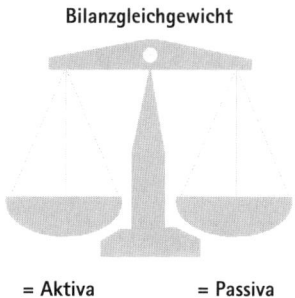

Bilanzgleichgewicht

= Aktiva   = Passiva

Gleichgewicht der Bilanz

Die Bilanz hat nach § 266 Abs. 1 Satz 3 für kleine Kapitalgesellschaften das Schema auf folgenden Seite 162.

Bilanzdelikte *(accounting fraud):* Hier kann es sich um Bilanzfrisuren, Bilanzverschleierungen oder Bilanzfälschungen handeln. Solche Bilanzdelikte sind strafbar.

Bilanzgewinn *(net profit of the year):* Der aus der freien Verfügungsmasse des Jahresüberschusses verbleibende Rest. Er wird den Aktionären zur Ausschüttung angeboten; über die Verwendung entscheidet die Hauptversammlung. Der Bilanzgewinn wird nach § 158 Abs. 1 AktG ermittelt:

	Jahresüberschuss/Jahresfehlbetrag
+	Gewinnvortrag/Verlustvortrag
+	Entnahme aus Kapitalrücklage zum Ausgleich
−	eines Fehlbetrages oder Verlustvortrages
±	Entnahmen/Einstellungen in Gewinnrücklagen
=	**Bilanzgewinn/Bilanzverlust**

Aktiva	Bilanzschema für kleine Kapitalgesellschaften		Passiva
A.	**Anlagevermögen**	**A.**	**Eigenkapital**
	I. Immaterielle Vermögensgegenstände		I. Gezeichnetes Kapital
	II. Sachanlagen		II. Kapitalrücklage
	III. Finanzanlagen		III. Gewinnrücklagen
B.	**Umlaufvermögen**		IV. Gewinnvortrag
	I. Vorräte		V. Jahresüberschuss/- fehlbetrag
	II. Forderungen und sonstige Vermögensgegenstände		
	III. Wertpapiere	**B.**	**Rückstellungen**
	IV. Kassenbestand, Bundesbankguthaben, Guthaben bei Kreditinstituten und Schecks	**C.**	**Verbindlichkeiten**
C.	**Rechnungsabgrenzungsposten**	**D.**	**Rechnungsabgrenzungsposten**
D.	**Aktive latente Steuern**	**E.**	**Passive latente Steuern**
E.	**Aktiver Unterschiedsbetrag aus Vermögensverrechnung**		

Bilanzgliederung für kleine Kapitalgesellschaften

Bilanzidentität *(balance sheet continuity):* Übereinstimmung der Schlussbilanz eines Geschäftsjahres mit der Eröffnungsbilanz des Folgejahres.

Bilanzklarheit *(transparency of financial statement):* Die Posten des Jahresabschlusses müssen eindeutig bezeichnet und in der vorgeschriebenen Reihenfolge gegliedert sein.

Bilanzkontinuität *(continuity of financial statement presentation):* Man unterscheidet zwischen der formellen und materiellen Bilanzkontinuität.

- Die formelle Bilanzkontinuität bezieht sich auf die Beibehaltung der Bilanzgliederung, d h. gleiche Benennung und Reihenfolge einzelner Posten in der Bilanz und in der Gewinn- und Verlustrechnungen über mehrere Geschäftsjahre sowie der Beibehaltung des Bilanzsichtages in jeweils aufeinanderfolgenden Geschäftsjahren.

- Die materielle Bilanzkontinuität fordert hingegen die Anwendung gleicher Bewertungsansätze und die Fortführung der Bewertungsansätze in aufeinanderfolgenden Bilanzen (§ 252 Abs. 1 Nr. 6 HGB).

Bilanzkurs *(book value):* Er gibt an, wie viel Eigenkapital aus bilanzieller Sicht auf eine Aktie entfällt. Der Bilanzkurs ergibt sich rein rechnerisch für eine Aktie, wenn das gesamte Eigenkapital (Grundkapital, Rücklagen und Ergebnis) durch das Grundkapital (Nominalkapital) geteilt und mit 100 multipliziert wird.

$$\text{Bilanzkurs} = \frac{\text{bilanziertes Eigenkapital}}{\text{Grundkapital}} \times 100$$

Im sog. korrigierten Bilanzkurs werden zusätzlich zum bilanziellen Eigenkapital noch stille Reserven berücksichtigt.

Bilanzpolitik *(accounting policy):* Die Gestaltung von Sachverhalten und Wertansätzen der Bilanzposten, um Zielsetzungen des Unternehmens im Rahmen der gesetzlichen Vorschriften und der GoB zu realisieren.

Bilanzrechtsmodernisierungsgesetz (BilMoG) *(Accounting Law Modernization Act):* Das BilMoG ist die umfassendste Reform des deutschen Handelsgesetzbuchs (HGB) seit dem Inkrafttreten des Bilanzrichtliniengesetzes (BiRiLiG) 1986. Es gilt für alle Geschäftsjahre, die nach dem 31.12.2009 beginnen. Im Vordergrund der Reform stehen die Deregulierung und Kostensenkung insbesondere für die kleinen und mittelständischen Unternehmen. Einzelkaufleute mit weniger als 500.000 EUR Umsatz und 50.000 EUR Gewinn pro Geschäftsjahr werden von der Pflicht zur Buchführung, Inventur und Bilanzierung befreit. Bei größeren Unternehmen werden die Schwellenwerte, die über den Umfang der Informationspflichten entscheiden, angehoben. Damit wird für viele Firmen der Aufwand bei der Rechnungslegung verringert. Zweiter Schwerpunkt ist die Verbesserung der Aussagekraft des handelsrechtlichen Jahresabschlusses. Die neuen Bilanzierungsregelungen müssen verpflichtend für die Geschäftsjahre ab dem 1. 1. 2010 angewendet werden.

Bilanzsumme *(balance sheet total):* Summe der Aktivseite oder Passivseite einer Bilanz (dabei gilt: Summe Aktivseite = Summe Passivseite).

Bilanzstichtag *(balance sheet day):* Der Tag, zu dem die Bilanz aufgestellt wird. An dem Tag endet das Geschäftsjahr oder zu dem Tag wird eine Zwischenbilanz aufgestellt.

Bilanzverlängerung *(balance sheet extension):* Von einer Bilanzverlängerung spricht man, wenn die Bilanzsumme zunimmt. Eine Bilanzverlängerung ergibt sich, wenn z. B. Waren auf Ziel, also gegen Kredit gekauft werden. Dann nimmt sowohl die Aktivseite (Warenvorräte) als auch die Passivseite der Bilanz (Verbindlichkeiten aLuL) zu.

Boni *(bonus):* Vergütungen für Mindestabnahmemengen oder -umsätze innerhalb eines Jahres, die i. d. R. im Folgejahr gezahlt werden.

Buchführung (doppelte) *(double-entry bookkeeping system):* Mithilfe der Buchführung erfolgt die planmäßige und lückenlose Aufzeichnung aller Geschäftsvorfälle eines Unternehmens nach Menge und Wert.

Buchführungspflicht *(duty to keep books of account):* Sie beruht auf den Bestimmungen des Handelsrechtes (§§ 238 f. HGB) und des Steuerrechtes (§§ 140 f. AO). Jeder Kaufmann ist verpflichtet, Bücher zu führen. Das bedeutet, dass er eine chronologische, systematische und lückenlose Aufzeichnung aller Geschäftsvorfälle seines Unternehmens betreiben muss. Die Bücher müssen so geführt sein, dass sich ein sachkundiger Dritter jederzeit einen Überblick über die Lage des Unternehmens verschaffen kann.

Buchung *(booking, entering to an account):* Die Dokumentation eines Geschäftsvorfalles auf Konten. Nach der doppelten Buchführung werden bei einer Buchung immer mindestens zwei Konten angesprochen. Eine Buchung wird immer in einem Buchungssatz ausgedrückt und es wird immer „Soll" an „Haben" gebucht.

Buchwert *(book value):* Der Buchwert eines Vermögensgegenstandes ist die Differenz zwischen Anschaffungswert und

kumulierten Abschreibungen. Er gibt Auskunft über den Restbuchwert und somit indirekt über das Alter einer Anlage.

Businessplan *(business plan):* Beschreibt die Chancen und
Risiken bei der Gründung eines neuen oder bei der Erweite-
rung eines bestehenden Unternehmens, z. B. bei der Einführung einer neuen Produktlinie oder der Ausweitung in neue
Märkte. Es werden die zentralen Vorhaben, Ziele und Strategien zusammengefasst. Zum Businessplan gehört auch eine
integrierte Unternehmensplanung, die aus einem Umsatz-,
Kosten-, Erfolgs- und Liquiditätsplan besteht.

Capital Employed *(capital employed):* Das im Unternehmen
gebundene operative Kapital. Es umfasst neben dem Anlagevermögen das Working Capital (Vorräte, Forderungen und
sonstige Vermögenswerte abzüglich Verbindlichkeiten aus
Lieferungen und Leistungen, sonstige kurzfristige, nicht verzinsliche Verbindlichkeiten und kurzfristige Rückstellungen).

Cashflow *(cash flow):* Summe der Einzahlungen, die zugleich einen Ertrag darstellen (= liquiditätswirksame Erträge),
abzüglich der Summe aller Auszahlungen, die zugleich einen
Aufwand darstellen (= liquiditätswirksame Aufwendungen).

Corporate Governance *(corporate governance):* Steht für
eine verantwortliche, auf langfristige Wertschöpfung und
Nachhaltigkeit ausgerichtete Unternehmensführung und
Unternehmenskontrolle sowie das Einhalten von Verhaltens-
regeln, nach denen ein Unternehmen geführt werden soll. Die
Empfehlungen des Deutschen Corporate Governance Kodex
schaffen Transparenz und sollen das Vertrauen in eine gute

und verantwortungsvolle Unternehmensführung stärken; sie dienen vor allem dem Schutz der Anteilseigner.

DATEV *(DATEV):* DATEV eG ist eine deutsche Genossenschaft für Steuerberater, Wirtschaftsprüfer und Rechtsanwälte mit Sitz in Nürnberg. DATEV eG steht für „Datenverarbeitung und Dienstleistung für den steuerberatenden Beruf eG". Das Unternehmen bietet verschiedene Software zur Kanzleiverwaltung von Steuerberatern und Rechtsanwälten an.

Debitoren *(debitors):* Die Forderungen aus Lieferungen und Leistungen.

Deckungsgrad *(equity/assets ratio):* Der (Anlagen-)Deckungsgrad ist eine Kennzahl der Jahresabschlussanalyse über den Einsatz des vorhandenen Kapitals.

$$\text{Deckungsgrad A} = \frac{\text{Eigenkapital}}{\text{Anlagevermögen}} \times 100$$

$$\text{Deckungsgrad B} = \frac{\text{Eigenkapital + langfristiges Fremdkapital}}{\text{Anlagevermögen}} \times 100$$

Der Deckungsgrad ermöglicht eine Aussage darüber, in welchem Umfang das Anlagevermögen durch langfristiges Kapital gedeckt ist.

Delkredere *(delcredere):* Die pauschale Forderungsabschreibung nach Erfahrungswerten. Da die Abschreibung nicht direkt, also nicht unmittelbar auf den entsprechenden Forderungskonten, sondern indirekt über ein eigenes passives Bestandskonto „Wertberichtigung" erfolgt, wird auch dieser pauschale Wertberichtigungsposten „Delkredere" genannt.

Derivativer Geschäfts- oder Firmenwert *(goodwill):* Der entgeltlich erworbene, derivative Firmenwert kann nur beim Kauf eines Unternehmens entstehen. Er umfasst die Differenz zwischen dem vom kaufenden Unternehmen gezahlten Kaufpreis und dem Reinvermögen des gekauften Unternehmens. Das Reinvermögen wird dabei auf der Grundlage der beizulegenden Zeitwerte ermittelt. Den derivativen Firmenwert muss der Erwerber des Unternehmens gemäß HGB aktivieren und ihn i. d. R. über fünf Jahre abschreiben.

Deutsche Rechnungslegungs Standards (DRS) *(German Accounting Standards):* Empfehlungen zur Anwendung der (deutschen) Konzernrechnungslegungsgrundsätze, herausgegeben vom Deutschen Standardisierungsrat (DSR), einem Gremium des DRSC (Deutsches Rechnungslegungs Standard Committee e.V.).

Eigenkapital *(equity):* Wird vom Anteilseigner selbst in das Unternehmen eingebracht und bildet die Differenz zwischen Vermögen und Schulden. Das Eigenkapital steht dem Unternehmen i. d. R. dauerhaft zur Verfügung. Bei einer Kapitalgesellschaft ergibt sich das bilanziell ausgewiesene Eigenkapital wie folgt:

	gezeichnetes Kapital
+	Kapitalrücklage
+	Gewinnrücklage
+/-	Jahresüberschuss/-fehlbetrag des Geschäftsjahres
+	Gewinn-/Verlustvortrag
=	**Eigenkapital**

Eigenkapitalquote *(equity ratio):* Bilanzkennzahl, die zur Beurteilung der Kreditwürdigkeit eines Unternehmens dient. Je höher das Eigenkapital ist, umso kreditwürdiger und finanziell unabhängiger ist ein Unternehmen.

$$\text{Eigenkapitalquote} = \frac{\text{Eigenkapital}}{\text{Gesamtkapital}} \times 100$$

Eigenkapitalrentabilität *(return on equity: ROE):* Sie stellt die Rentabilität des eingesetzten Eigenkapitals dar. Die Eigenkapitalrentabilität repräsentiert die Verzinsung des Eigenkapitals für den Anteilseigner, unabhängig von seiner Ausschüttungsentscheidung.

$$\text{Eigenkapitalrentabilität} = \frac{\text{Ergebnis vor EE-Steuern (EBT)}}{\text{durchschnittliches Eigenkapital}} \times 100$$

Eigenkapitalspiegel *(statement of shareholder's equity):* Im Eigenkapitalspiegel wird die Entwicklung der einzelnen Posten des Eigenkapitals während einer Abrechnungsperiode unter Angabe sämtlicher Veränderungen dargestellt (z. B. in der Kapital- oder der Gewinnrücklage).

Einheitstheorie *(entity theory of consolidation):* Ein Grundsatz der Konzernrechnungslegung, nach dem der Konzern als wirtschaftliche Einheit rechtlich selbstständiger Unternehmen zu betrachten ist. Entsprechend wird bei der Aufstellung des Konzernabschlusses so getan, als wären alle Konzernunternehmen Teilbetriebe des Konzerns. D. h. es müssen konzerninterne Liefer- und Leistungsbeziehungen sowie Forderungen und Schuldpositionen, die zwischen den zum Konzern gehörenden Unternehmen bestehen, eliminiert werden (Konsolidierung).

Einkaufsfinanzierung *(finetrading):* Ein Instrument zur Finanzierung des betrieblichen Working Capital. Dabei übernimmt ein Händler (Trader) den Produkteinkauf für seine Kunden und spricht die Konditionen mit den Lieferanten ab. Der Trader bestellt das vom Kunden ausgesuchte Produkt und veräußert es unter Gewährung eines Lieferantenkredites an den Kunden weiter. Durch sofortige Bezahlung des Lieferanten durch den Trader wird die Inanspruchnahme des gewährten Skontos ermöglicht.

Einlagen *(capital contribution):* Zuführung von Eigenkapital durch die Eigentümer bzw. Anteilseigner in Form von Geld oder Sachmitteln aus dem Privatvermögen in das Betriebsvermögen.

Einnahme *(revenue):* Erhöhung des Geldvermögens, d.h. Zufluss von Zahlungsmitteln in Form von Bar- oder Buchgeld oder Erhöhung der Forderungen.

Einzahlung *(payment):* Der tatsächliche Zufluss von Zahlungsmitteln in Form von Bar- oder Buchgeld dar.

Einzelbewertung *(single valuation):* Nach dem Grundsatz der Einzelbewertung sind alle Vermögensgegenstände und Schulden einzeln zu bewerten.

Einzelwertberichtigung auf Forderungen (EWB) *(valuation allowance for losses on individual accounts receivables):* Kommen in Betracht, wenn Forderungen zweifelhaft sind. Es erfolgt i. d. R. eine indirekte Abschreibung auf einzelne zweifelhafte Forderungen zur Erfassung des Kreditrisikos.

Entnahmen *(withdrawal):* Begriff aus der Einkommensteuer. Eine Entnahme liegt vor, wenn ein Unternehmer aus seinem Unternehmen Geld oder ein Wirtschaftsgut für sich, für seinen privaten Haushalt oder für andere betriebsfremde Zwecke entnimmt. Entnahmen mindern das Eigenkapital.

Equity-Methode *(equity method):* Die Equity-Methode wird bei assoziierten Unternehmen (Beteiligungen, die zwischen 20 und 50 % liegen) angewendet. Voraussetzung ist, dass eine Beteiligung im Sinne des § 271 Abs. 1 HGB vorliegt und ein tatsächlich maßgeblicher Einfluss auf das Unternehmen ausgeübt wird. Das eigentliche Merkmal der Equity-Methode ist, dass der Beteiligungsbuchwert im Zeitablauf fortgeschrieben wird. Die Ermittlung des Wertansatzes kann nach folgendem Schema ermittelt werden:

	Beteiligungsbuchwert (Vorjahr/Anschaffungskosten)
+	anteiliger Jahresüberschuss
-	anteiliger Jahresfehlbetrag
-	vereinnahmte Gewinnausschüttungen
-	Abschreibungen zugeordneter stiller Reserven
-	Abschreibung des Geschäfts- oder Firmenwertes
-	außerplanmäßige Abschreibung auf die Beteiligung
=	**Beteiligung an assoziierten Unternehmen (Geschäftsjahr)**

Erfolg: Summe der Erträge abzüglich Summe der Aufwendungen.

Erfolgskonten *(revenue and expense account):* Unterkonten des Gewinn- und Verlustkontos, die die erfolgswirksamen Geschäftsvorfälle, d.h. alle Aufwendungen und Erträge der laufenden Geschäftsperiode erfassen.

Erfüllungsbetrag *(settlement amount):* Der Begriff „Erfüllungsbetrag" gibt zu verstehen, dass zukünftige Preis- und Kostensteigerungen bei der Bewertung von Rückstellungen zu berücksichtigen sind.

Ergebnisabführungsvertrag *(profit and loss transfer agreement):* Auch Gewinnabführungsvertrag genannt. Er wird häufig zwischen der Konzernmuttergesellschaft und deren Tochtergesellschaften geschlossen. Er verpflichtet die Tochtergesellschaft, ihren Gewinn an die Muttergesellschaft abzuführen. Die Konzernmuttergesellschaft ist verpflichtet, mögliche Verluste dieser Tochtergesellschaften auszugleichen.

Erinnerungswert *(reminder value):* Der Wert, mit dem bereits abgeschriebene, aber noch vorhandene bzw. genutzte Gegenstände des Anlagevermögens fortgeschrieben werden.

Erlös *(sales revenue):* Wert, der in einer Rechnungsperiode verkauften Güter und Dienstleistungen.

> Umsatzerlös = verkaufte Menge x Verkaufspreis pro Stück

Erlösschmälerungen *(sale deductions):* Minderung der erzielten Erlöse durch Erlösberichtigungen (z. B. Boni), Erlösminderungen (z. B. Rabatte, Skonti) und Erlöskorrekturen (z. B. Korrektur von Berechnungsfehlern). Als Erlösschmälerung gilt aber auch ein Preisnachlass aufgrund einer Mängelrüge oder zur Erfüllung von Gewährleistungsansprüchen (Garantie).

Eröffnungsbilanz *(opening balance sheet):* Die Aufstellung der Aktiva und Passiva eines Unternehmens zu Beginn der Geschäftstätigkeit.

Ertrag *(earnings, income):* Der in Geldeinheiten ausgedrückte Wertzuwachs einer Rechnungsperiode. Ein Ertrag erhöht den Gewinn oder verringert den Verlust.

> Gewinn = Ertrag – Aufwand

Ertragskraft *(earnings power, profitability):* Die Fähigkeit eines Unternehmens, zukünftig Erträge zu erwirtschaften.

Ertragswert *(capitalized earnings value):* Wird ermittelt, indem man die künftigen Einzahlungs- oder Ertragsüberschüsse eines Vermögensgegenstandes oder Unternehmens abzinst. Die Höhe des Ertragswertes hängt von den prognostizierten künftigen Überschüssen und von der Höhe des Kapitalisierungszinsfußes ab. Bei der Unternehmensbewertung spielt der Ertragswert i. d. R. eine große Rolle.

Erwerbsmethode *(purchase-method, acquisition method):* Die international vorherrschende Methode der Kapitalkonsolidierung, die auch bei Tochterunternehmen anzuwenden ist.

Eventualverbindlichkeiten *(contingent liabilities):* Verbindlichkeiten, die nicht zu bilanzieren sind und deren Eintrittswahrscheinlichkeit als ungewiss erscheint (z. B. Haftungsverhältnisse aus Bürgschaftsverpflichtungen).

Fakturierung *(billing, invoicing):* Der buchungstechnische Begriff für die Rechnungsstellung. Wenn eine Leistung (Ware oder Dienstleistung) erbracht wurde, wird anschließend dem Kunden eine Rechnung gestellt.

Fertige Erzeugnisse *(finished goods):* Selbst hergestellte, versandfertige Produkte, die verkauft werden können.

Fertigungseinzelkosten *(direct labour cost):* Im Fertigungsbereich anfallende Kosten, die einem Kostenträger als Einzelkosten direkt zugerechnet werden können. Dazu gehören die direkt zurechenbaren Fertigungslöhne.

Fertigungsgemeinkosten *(factory overheads):* Umfassen alle nicht direkt zurechenbaren Kosten des Fertigungsbereichs.

Festbewertung *(permanent evaluation):* Ansatz von Sachanlagegütern sowie Roh-, Hilfs- und Betriebsstoffen mit gleichbleibendem Wert (Festwert), der für mehrere Jahre beibehalten werden kann.

Festwert *(fixed value):* Ein Bewertungsverfahren, bei dem der Wert eines Vermögensgegenstandes oder einer Gruppe von Gütern über mehrere Jahre gleich bleibt. Hierbei handelt es sich um eine Ausnahme vom Grundsatz der Einzelbewertung. Sachanlagen sowie Roh-, Hilfs- und Betriebsstoffe, die regelmäßig ersetzt werden und deren Bestand sich in Menge, Wert und Zusammensetzung nur gering verändert, dürfen mit einem Festwert angesetzt werden. Voraussetzung dafür ist, dass der Gesamtwert ist von nachrangiger Bedeutung ist und alle drei Jahre eine körperliche Bestandsaufnahme erfolgt. Da unterstellt wird, dass über mehrere Bilanzstichtage hinweg ein gleichbleibender Bestand bzw. gleichbleibender Wert vorliegt, können Zukäufe dieses Bestands sofort in voller Höhe als Aufwand gebucht werden.

Fifo-Verfahren *(fifo-method):* Bei diesem zeitlichen Verbrauchsfolgeverfahren der Sammelbewertung wird unterstellt, dass die jeweils ältesten Bestände zuerst verbraucht bzw. veräußert werden.

Finanzanlagevermögen *(financial assets):* Dazu gehören diejenigen Werte des Anlagevermögens, die auf Dauer zu finanziellen Anlagezwecken (Ausleihungen und Wertpapiere) bzw. Unternehmensverbindungen (Beteiligungen und Anteile an verbundenen Unternehmen sowie damit zusammenhängende Ausleihungen) dienen.

Finanzbuchhaltung *(financial accounting):* Teilgebiet des Rechnungswesens. Ihre Aufgabe ist es, die Geschäftsvorfälle belegmäßig fortlaufend und lückenlos im Rahmen der doppelten Buchführung zu erfassen und kontenmäßig zu verrechnen. Sie stellt das Jahresergebnis fest und bildet die Grundlage für die Schlussbilanz.

Finanzergebnis *(financial results):* Teilergebnis der Gewinn- und Verlustrechnung. Es setzt sich aus den Zinserträgen und -aufwendungen, dem Beteiligungsergebnis und dem Ergebnis aller übrigen Finanzanlagen zusammen. Das Finanzergebnis stellt zusammen mit dem Betriebsergebnis das Ergebnis der gewöhnlichen Geschäftstätigkeit dar.

Finanzschulden *(financial liabilities):* Aus reinen Finanzierungsvorgängen stammende Verbindlichkeiten. Dazu gehören Verbindlichkeiten gegenüber Banken, Kapitalsammelstellen und anderen Geldgebern sowie Anleihen, nicht jedoch Lieferantenverbindlichkeiten oder sonstige Verbindlichkeiten aus der laufenden Geschäftstätigkeit.

Forderungen *(receivables):* Ansprüche eines Gläubigers gegenüber einem bestimmten Schuldner auf Geld oder sonstige Leistungen. Forderungen sind Bestandteil des Umlaufvermögens und daher der Aktivseite der Bilanz zuzuordnen.

Fremdkapital *(borrowed capital):* Das Fremdkapital wird auf der Passivseite der Bilanz ausgewiesen. Als Fremdkapital werden Schulden (z. B. Lieferantenverbindlichkeiten, Bankkredite und Rückstellungen) zu einem bestimmten Stichtag bezeichnet. In der Regel stellen die Gläubiger das Fremdkapital gegen eine erfolgsunabhängige Verzinsung zur Verfügung.

Fremdkapitalzinsen *(borrowing costs):* Für ein Darlehen oder einen Kredit zu zahlende Zinsen. Fremdkapitalzinsen stellen den Teil der Kapitalkosten dar, die auf das Fremdkapital entfallen.

Futures *(futures):* Standardisierte, börsengehandelte Terminkontrakte, bei denen Käufer und Verkäufer sich zu einem im Vorhinein vereinbarten Preis und zu einem bestimmten Zeitpunkt verpflichten, ein dem Geld-, Kapital-, Edelmetalloder Devisenmarkt zugehöriges Handelsobjekt abzunehmen oder zu liefern.

Gearing *(gearing):* Der englische Begriff für Verschuldungsgrad. Die Kennzahl zeigt das Verhältnis des verzinslichen Fremdkapitals abzgl. der liquiden Mittel zum Eigenkapital.

Geldvermögen *(monetary assets):* Summe aus Zahlungsmittelbestand (Kassenbestände und jederzeit verfügbare Bankguthaben) und dem Bestand an Forderungen abzüglich des Bestands an kurzfristigen Verbindlichkeiten.

Geleistete Anzahlung *(payment in advance):* Liegt vor, wenn ein Unternehmen einem Lieferanten eine Vorauszahlung leistet.

Gemeinschaftsunternehmen *(joint venture):* Rechtlich selbstständiges Unternehmen, an dem zwei oder mehrere Unternehmen beteiligt sind. Die Partnerunternehmen tragen gemeinsam das finanzielle Risiko und nehmen die Führungsfunktionen im gemeinsamen Unternehmen wahr.

Gemischtes Konto *(mixed account):* Ein Konto, das neben den Beständen auch Erfolgskomponenten enthält.

Gesamtkapitalrentabilität (GKR) *(return on asset: ROA):* Sie zeigt als Kennzahl der Bilanzanalyse den Periodenerfolg vor Steuern und Fremdkapitalzinsen und wird in Beziehung zum gesamten zur Verfügung stehenden Kapital des Unternehmens (Eigen- und Fremdkapital) gesetzt. Sie veranschaulicht die Ertragskraft der in einer Periode eingesetzten eigenen und fremden Mittel eines Unternehmens.

$$GKR = \frac{EBIT}{\text{durchschnittliches Gesamtkapital}} \times 100$$

Gesamtkostenverfahren *(nature of expense method):* Eine Form der Gewinn- und Verlustrechnung. Hierbei werden innerhalb einer Periode die gesamten Erträge den Aufwendungen unter Berücksichtigung der Bestandsveränderungen der unfertigen und fertigen Erzeugnisse sowie der aktivierten Eigenleistungen gegenübergestellt.

Geschäftsjahr *(accounting period):* Der Zeitraum, für den ein Jahresabschluss aufzustellen ist. Ein Geschäftsjahr darf zwölf Monate nicht überschreiten und ist häufig mit dem Kalenderjahr identisch.

Gewinn *(profit, earnings, gain):* Der Gewinn zeigt den positiven wirtschaftlichen Erfolg eines Geschäftsjahres, indem die Erträge um die Aufwendungen vermindert werden.

Gewinnrücklagen *(retained earnings, revenue reserves):* Durch Innenfinanzierung erwirtschaftetes Kapital. Die Gewinnrücklagen werden aus dem einbehaltenen und versteuerten Gewinn eines Unternehmens gebildet.

Gewinn- oder Verlustvortrag *(profit/loss carried forward):* Dies ist das nicht verwendete Ergebnis des Vorjahres, das in das aktuelle Geschäftsjahr übertragen wird. Nimmt ein Unternehmen z. B. keine oder keine vollständige Gewinnverwendung vor, wird der verbleibende Betrag in das nachfolgende Geschäftsjahr übertragen.

Gewinn- und Verlustrechnung (GuV) *(income statement):* Sie stellt einen Teil des Jahresabschlusses dar. In der GuV werden sämtliche Aufwendungen und Erträge erfasst. Die GuV kann entweder in der **Kontoform** oder der **Staffelform** aufgestellt werden. Das Ergebnis ist der Erfolg eines Jahres, Halbjahres oder eines Quartals. Die GuV-Rechnung kann nach dem Gesamtkosten- oder dem Umsatzkostenverfahren erstellt werden. Stark vereinfacht lässt sich die Staffelform folgendermaßen schematisieren:

	Betriebsergebnis
+/-	Finanzergebnis
=	**Ergebnis der gewöhnlichen Geschäftstätigkeit**
+/-	außerordentliches Ergebnis
-	Steueraufwand
=	Jahresüberschuss/Jahresfehlbetrag

Gezeichnetes Kapital *(issued capital):* Das gezeichnete Kapital einer Aktiengesellschaft heißt „Grundkapital" (share capital) und das einer GmbH „Stammkapital". Es ist das Kapital einer Kapitalgesellschaft, auf das die Haftung der Gesellschafter beschränkt ist.

GKR (Gemeinschaftskontenrahmen) *(standard accounting system):* Eine Gliederungssystematik für Buchführungskonten, die nach dem Prozessgliederungsprinzip aufgebaut ist.

Gläubiger *(creditor):* Eine juristische oder natürliche Person, die Kraft eines vertraglichen oder gesetzlichen Schuldverhältnisses vom Schuldner eine bestimmte Leistung zu fordern berechtigt ist.

Gläubigerschutz *(creditor protection):* Maßnahmen und Rechtsvorschriften zum Schutz von Gläubigern. Durch die in Deutschland gängige Anwendung des Vorsichtsprinzips und die daraus resultierenden Vorschriften, vorsichtig zu bewerten, sollen die Fremdkapitalgeber z. B. vor der Ausschüttung unrealisierter Gewinne an Anteilseigner geschützt werden.

Gliederungsschema der Bilanz *(balance sheet's structure):* Gemäß § 266 Abs. 2 und 3 HGB werden die Bezeichnungen für die Bilanzposten und deren Reihenfolge bei der Darstellung in der Bilanz vorgegeben.

GoB (Grundsätze ordnungsmäßiger Buchführung) *(principles of an order and adequate book-keeping):* Teils geschriebene, teils ungeschriebene Regeln zur Buchführung und zur Erstellung des Jahresabschlusses, die sich vor allem aus Wissenschaft und Praxis, der Rechtsprechung sowie Empfehlungen von Wirtschaftsverbänden entwickelt haben.

Grundbuch *(journal):* Dort sind sämtliche Geschäftsvorfälle in zeitlicher Reihenfolge einzutragen.

Grundkapital *(share capital):* Das gezeichnete Eigenkapital einer Aktiengesellschaft. Es ist in der Satzung der Aktiengesellschaft festgelegt. Die Satzung bestimmt auch, in wie viele Anteile das Grundkapital eingeteilt ist. In Höhe ihres Grundkapitals gibt die Gesellschaft Aktien aus. Der Mindestnennbetrag des Grundkapitals beträgt 50.000 EUR.

Grundsatz der Einzelbewertung *(unit account method of valuation):* Er besagt, dass alle Vermögensgegenstände und alle Schulden unabhängig und einzeln voneinander zu bewerten sind.

Gruppenbewertung *(group evaluation):* Liegt vor, wenn gleichartige und annähernd gleichwertige Vermögensgegenstände zu einer Gruppe zusammengefasst und mit dem gewogenen Durchschnittswert angesetzt werden.

Habenbuchung *(credit entry):* Eintragung in ein Buchungskonto auf der Habenseite. Bei einem Vermögenskonto wird durch die Habenbuchung eine Vermögensminderung repräsentiert.

Habenseite *(credit side):* Die rechte Seite eines Buchungskontos.

Handelsbilanz *(commercial balance sheet):* Teil des handelsrechtlichen Jahresabschlusses. Im betriebswirtschaftlichen Sinne ist die Handelsbilanz die Gegenüberstellung von Aktiva und Passiva. Die Handelsbilanz bildet zugleich die Grundlage für die Aufstellung der Steuerbilanz. In einigen Fällen gibt es nur eine sog. Einheitsbilanz, die Handels- und Steuerbilanz zugleich ist. Im Gegensatz zur Steuerbilanz erlaubt das Handelsgesetzbuch i. d. R. größere Freiheiten bei der Bewertung der Vermögensgegenstände und der Rückstellungen. Die Handelsbilanz in Form des Jahresabschlusses dient zur Erfolgsermittlung und zur Rechenschaftslegung gegenüber den Anteilseignern und den Gläubigern.

Handelsbilanz II *(commercial balance sheet II):* Dies ist der auf die Rechnungslegungs- und Bewertungsvorschriften der Konzernrechnungslegung angepasste Einzelabschluss der Konzerngesellschaften.

Handelswaren *(merchandise):* Güter, die ein Unternehmen einkauft und wieder verkauft, ohne eine wesentliche Bearbeitung oder Verarbeitung vorzunehmen.

Hauptabschlussübersicht *(general ledger trial balance sheet):* Tabelle, die der Vorbereitung des Jahresabschlusses dient. Die die Entwicklung der Bestands- und Erfolgskonten wird in tabellarischer und kumulierter Form dargestellt.

Hauptbuch *(general ledger):* Auch Sachbuch genannt. Es stellt sämtliche Geschäftsvorfälle nach sachlichen Gesichtspunkten geordnet in Kontoform dar.

Herstellungskosten (HK) *(manufactoring costs):* Aufwendungen, die für die Herstellung der Produkte angefallen sind, auch wenn es sich um Anlagen zum Eigengebrauch handelt. Setzen sich aus den Pflichtbestandteilen Materialkosten, Fertigungskosten sowie den Sondereinzelkosten der Fertigung zusammen. Des Weiteren besteht ein Wahlrecht, die Verwaltungsgemeinkosten und Aufwendungen für soziale Leistungen als HK anzusetzen. Das gilt jedoch nicht für Vertriebs- und Forschungskosten, hier besteht ein Aktivierungsverbot. Die Herstellungskosten dienen als Bewertungsmaßstab für selbst erstellte Vermögensgegenstände. Sie sind nicht zu verwechseln mit den Herstellkosten aus der Kostenrechnung. Ermittlung der Herstellungskosten:

Handelsrechtliche Herstellungskosten	
Pflicht	Materialeinzelkosten
	+ Materialgemeinkosten
	+ Fertigungseinzelkosten
	+ Fertigungsgemeinkosten
	+ Sondereinzelkosten der Fertigung
	+ Werteverzehr des Anlagevermögens
	= Wertuntergrenze
Wahlrecht	+ allgemeine Verwaltungskosten
	+ Kosten für Sozialeinrichtungen, freiwillige Sozialleistungen, betriebliche Altersversorgung
	+ Fremdkapitalzinsen
	= Wertobergrenze
Verbot	Forschungskosten
	Vertriebskosten
	Leerkosten

Hilfsstoffe *(auxillary materials)*: Materialien, die in die Erzeugnisse eingehen, aber wert- und mengenmäßig kein wesentlicher Bestandteil sind (z. B. Nägel, Klebstoff etc.).

Höchstwertprinzip *(higher-value principle):* Gilt für die Passiva und entspricht dem Niederstwertprinzip für die Aktiva. Von zwei möglichen Ansätzen für Verbindlichkeiten oder Rückstellungen ist stets der höhere Wertansatz zu wählen.

IKR (Industriekontenrahmen) *(uniform classification of accounts for industrial enterprises):* Eine Gliederungssystematik der Buchführungskonten, die nach dem Abschlussgliederungsprinzip gegliedert sind und damit eine rationelle Abschlusserstellung ermöglichen. Der Industriekontenrahmen fasst die Finanzbuchhaltung sowie Kosten- und Leistungsrechnung als zwei selbstständige, voneinander unabhängige Rechnungskreise auf und organisiert sie auch so: Rechnungskreis I beinhaltet die Finanzbuchhaltung und Rechnungskreis II beinhaltet die Kosten- und Leistungsrechnung.

Immaterielles Vermögen *(intangible assets):* Nicht physische, nicht fassbare Güter, die nicht monetär sind, wie z. B. Rechte, Patente, Konzessionen und Lizenzen, die im dauerhaften Besitz des Unternehmens sind.

Imparitätsprinzip *(principle of imparity treatment):* Resultiert aus dem Vorsichtsprinzip. Gemäß dem Imparitätsprinzip müssen in der Zukunft liegende, noch nicht realisierte Verluste im Jahresabschluss berücksichtigt werden.

Insolvenz *(insolvency):* Der Tatbestand der drohenden oder bereits eingetretenen Zahlungsunfähigkeit eines Unternehmens. Diese liegt dann vor, wenn das Unternehmen seine fälligen Zahlungen nicht mehr leistet bzw. leisten kann, eine Überschuldung (bei Kapitalgesellschaften) vorliegt, also die Verbindlichkeiten höher als das Vermögen sind, oder der Schuldner seine Zahlungspflichten im Zeitpunkt der Fälligkeit nicht erfüllen kann.

Interessenzusammenführungsmethode *(pooling-of-interests method):* Eine Methode der Kapitalkonsolidierung von Konzernunternehmen im Konzernabschluss. Der Beteiligungsbuchwert wird mit dem anteiligen bilanziellen Eigenkapital des Tochterunternehmens verrechnet. Stille Reserven und ein Goodwill werden nicht aufgedeckt, sodass hier eine Buchwertfortführung stattfindet. Es ergeben sich keine Erfolgswirkungen in Folgeperioden.

Internes Kontrollsystem (IKS) *(internal control system):* Teilsystem zur Steuerung der Unternehmensaktivitäten und zur Überwachung der Einhaltung der Regeln der Unternehmung, das die Gesamtheit der Mechanismen zum Schutz und zur Sicherung betrieblicher Werte enthält.

Inventar *(inventory):* Ein detailliertes Bestandsverzeichnis aller Vermögensgegenstände und Schulden eines Unternehmens (auf Grundlage der Inventur), die einzeln nach Art, Menge und Wert aufgeführt sind. Das Inventar ist das Ergebnis der Inventur. Es muss zu Beginn der Kaufmannstätigkeit und zum Bilanzstichtag aufgestellt werden.

Inventur *(stocktaking, inventory):* Bestandsaufnahme aller Schulden und Vermögensgegenstände zum Bilanzstichtag durch Messen, Zählen und Wiegen zu einem bestimmten

Stichtag. Die Inventur wird aufgrund von HGB-Regelungen i. d. R. am Ende des Geschäftsjahres durchgeführt.

- Zeitnahe Inventur (timely inventory): Inventurarbeiten, die innerhalb von zehn Tagen vor oder nach dem Abschlussstichtag durchgeführt werden.

- Zeitlich verlegte Inventur (temporally rescheduled inventory): Inventurarbeiten, die innerhalb der letzten drei Monate vor oder in den ersten zwei Monaten nach dem Bilanzstichtag durchgeführt werden.

Zeitverschobene Inventur

Inventurdifferenzen *(inventory differences):* Differenzen zwischen buchmäßigen (buchhalterischen) Beständen und tatsächlich vorhandenen, durch körperliche Bestandsaufnahme bzw. Inventur ermittelten Beständen. Gründe dafür sind z. B. Schwund, Diebstahl oder fehlerhafte Aufzeichnungen.

Jahresabschluss *(financial statement):* Setzt sich mindestens aus Bilanz und Gewinn- und Verlustrechnung zusammen. Kapitalgesellschaften und Personengesellschaften mit Haftungsbeschränkung haben den Jahresabschluss um einen Anhang und einen Lagebericht zu ergänzen.

Jahresabschlussanalyse *(financial statement analysis):* Aufbereitung und Auswertung des Jahresabschlusses mithilfe von Kennzahlen zur Gewinnung von Informationen über die Finanz-, Vermögens- und Ertragslage des Unternehmens.

Jahresabschlussprüfung *(audit of the annual financial statements):* Sie dient der Prüfung der Einhaltung der gesetzlichen Bestimmungen. Der Jahresabschluss kann einer gesetzlich vorgeschriebenen oder freiwilligen Prüfung unterzogen werden. Insbesondere für mittelgroße und große Kapitalgesellschaften besteht eine gesetzliche Prüfungspflicht.

Jahresüberschuss/-fehlbetrag *(net income/loss for the year):* Bezeichnet am Ende der Gewinn- und Verlustrechnung den Periodenerfolg des Unternehmens. Der Nettogewinn nach Steuern wird als Jahresüberschuss bezeichnet. Verluste bezeichnet man als Jahresfehlbetrag.

Joint Venture *(joint venture):* siehe Gemeinschaftsunternehmen

Journal: siehe Grundbuch

Kameralistik *(cameralistics):* Das Rechnungssystem, das schwerpunktmäßig bei Behörden angewandt wird. Ihr Ziel ist der treuhänderische Nachweis, woher Finanzmittel kommen und wohin sie geflossen sind (Rechenschaftslegung). Die Kameralistik ist lediglich input-orientiert und ist nach Kapitel/Titel strukturiert. Sie gibt den Input der Ressourcen an, ohne die Effizienz von deren Verwendung messen zu können.

Kapital *(capital):* Das Kapital zeigt in der Bilanz die Finanzierungsquellen des Unternehmens nach Eigen- und Fremdkapital.

Kapitalerhöhung *(increase of issued capital):* Finanzierungsform, bei der das Eigenkapital eines Unternehmens durch Kapitalübertragung von den Anteilseignern auf das Unternehmen erhöht wird. Das Gegenteil einer Kapitalerhöhung ist eine Kapitalherabsetzung.

Kapitalflussrechnung *(cash flow statement):* Eine verfeinerte finanzwirtschaftliche Bewegungsbilanz. Sie zeigt die Finanzmittelbewegungen getrennt nach den Tätigkeitsbereichen Investition, Finanzierung und laufender Geschäftstätigkeit. Die Summe der Mittelzuflüsse und -abflüsse der drei Tätigkeitsbereiche entspricht der Nettoveränderung der Gesamtsumme des Finanzmittelbestandes.

Kapitalgesellschaft *(limited company):* Oberbegriff für eine juristische Person in Form einer Handelsgesellschaft. Die Anteilseigner bringen das gezeichnete Kapital ein und die Haftung ist auf das Eigenkapital begrenzt. Zu den Kapitalgesellschaften gehören z. B. Aktiengesellschaften (AG), Societas Europaea (SE), Gesellschaften mit beschränkter Haftung (GmbH), Kommanditgesellschaften auf Aktien (KGaA) und Limited (Ltd.).

Kapitalkonsolidierung *(capital consolidation):* Die Kapitalkonsolidierung betrifft den Konzernabschluss. In der Summenbilanz wird der Beteiligungswert mit dem anteiligen

Eigenkapital des Unternehmens, an dem die Beteiligung gehalten wird, verrechnet.

Kapitalrücklage *(capital reserve):* Bei Kapitalgesellschaften handelt es sich hierbei um Einlagen der Gesellschafter, die nicht gezeichnetes Kapital sind und von außen dem Eigenkapital zugeführt werden. In der Kapitalrücklage befinden sich z. B. ein Agio aus Aktienemissionen, entsprechende Erträge aus Wandel- und Optionsanleihen sowie Zuzahlungen von Gesellschaftern, z. B. zur Erlangung von Vorzügen.

Kapitalstrukturanalyse *(capital structure analysis):* Bestandteil der Bilanz- bzw. Jahresabschlussanalyse, mit der die Kapitalzusammensetzung (Passivseite der Bilanz) analysiert wird.

Kapitalumschlag *(capital turnover):* Der Kapitalumschlag zeigt, wie häufig das in einer Periode gebundene Kapital bzw. Vermögen durch den Umsatz der Periode umgeschlagen wird.

$$\text{Kapitalumschlag} = \frac{\text{Umsatz}}{\text{durchschnittlich gebundenes Kapital}}$$

Kassenbuchführung *(cash accounting)*: Nebenbuchführung, die eine vollständige chronologische Aufzeichnung aller baren Geschäftsvorfälle gewährleistet.

Konsolidierung *(consolidation):* Mithilfe der Konsolidierung werden die Einzelabschlüsse zweckgerecht zum Konzernabschluss zusammengefasst. Unter Konsolidierung versteht man die buchhalterische Technik zur Eliminierung aller konzerninternen Vorgänge. In der Bilanzierungspraxis bedeutet Konsolidierung die Zusammenfassung aller Aktiva und Passiva sowie Aufwand und Ertrag der Einzelabschlüsse eines Konzerns, also der Mutterfirma, der Tochtergesellschaften und der assoziierten Unternehmen, zu einem Konzernabschluss. Hierfür werden alle Aufwendungen und Erträge sowie Zwischenergebnisse aus Lieferungen und Leistungen zwischen den Konzerngesellschaften durch Aufrechnung (Aufwands- und Ertrags- sowie Zwischenergebniskonsolidierung) eliminiert. Zur Vermeidung von Doppelzählungen werden alle konzerninternen Beteiligungen (Kapitalkonsolidierung) sowie Forderungen bzw. Verbindlichkeiten (Schuldenkonsolidierung) gegeneinander aufgerechnet. Auch konzerninterne Umsatzerlöse sowie Aufwendungen und Erträge müssen untereinander verrechnet werden. Der Konzernabschluss soll die Einzelabschlüsse so zusammenfassen, dass ein Gesamtabschluss entsteht. Hierdurch wird ein genauer Einblick in die Vermögens- und Ertragslage des Konzerns als wirtschaftliche Einheit möglich.

Konsolidierungskreis *(consolidated group):* Unternehmen, die in den Konzernabschluss einbezogen werden, werden im Konsolidierungskreis zusammengefasst.

Kontenabstimmung *(reconciliation of accounts):* Ein Verfahren, um die Differenzen auf den Konten zu ermitteln und zu korrigieren.

Kontenplan *(chart of account):* Die unternehmensspezifische Ausgestaltung des Kontenrahmens ist der Kontenplan. Er ist also ein auf ein Unternehmen abgestimmter Kontenrahmen.

Kontenrahmen *(standard chart of accounts):* Ein Organisations- und Gliederungsplan für die Konten eines Unternehmens nach sachlichen Kriterien, der an die Bedürfnisse einer bestimmten Branche angepasst wurde und als Rahmenplan eine gewisse Vereinheitlichung der Buchführung bezweckt.

Kontieren *(allocate accounts):* Die Feststellung der Konten zur Buchung eines Geschäftsvorfalls.

Konto *(account):* Dient zur systematischen, vollständigen und ordnungsmäßigen Erfassung der Geschäftsvorfälle. In einem T-Konto werden im Rahmen der zweiseitig geführten Rechnung die Zugänge getrennt von den Abgängen aufgezeichnet.

Konzern *(trust, group of companies):* Eine Gruppe rechtlich selbstständiger Unternehmen, die durch eine einheitliche Leitung oder durch ein Control-Verhältnis (= beherrschender Einfluss des Mutterunternehmens) zusammengefasst sind.

Konzernabschluss *(consolidate financial statement):* Besteht aus der Konzernbilanz, der Konzern-Gewinn- und Verlustrechnung, dem Konzernanhang, der Kapitalflussrechnung, dem Eigenkapitalspiegel und dem Konzernlagebericht. Er kann um eine Segmentberichterstattung erweitert werden.

Konzernrechnungslegung *(group accounting):* Sie erstellt einen Konzernjahresabschluss für alle zu einem Konzern zugehörige Unternehmen, als wären sie ein einziges Unternehmen.

Körperschaftssteuer *(corporate income tax):* Der Gewinn von Kapitalgesellschaften unterliegt der Körperschaftssteuer. Die Körperschaftssteuer beträgt seit 2008 nur noch 15 %.

Kreditoren *(accounts payable):* Die Lieferanten, d. h. die Firmen, von denen Unternehmen Waren oder Dienstleistungen und eine Rechnung erhalten haben.

Kurs-Gewinn-Verhältnis (KGV) *(price earnings ratio)*: Kennzahl, die sich aus dem Börsenkurs einer Aktie, dividiert durch den von der Aktiengesellschaft ausgewiesenen Gewinn ergibt. Das KGV eignet sich zum Vergleich von Unternehmen der gleichen Branche.

$$KGV = \frac{Aktienkurs}{Gewinn\ pro\ Aktie}$$

Kurzfristige Verbindlichkeiten *(current liabilities):* Verbindlichkeiten mit einer Laufzeit von weniger als einem Jahr.

Lagebericht *(mangement report):* Nach § 289 HGB sind Kapitalgesellschaften verpflichtet, ihren Jahresabschluss durch einen Anhang und Lagebericht zu ergänzen. Der Lagebericht enthält Informationen zur wirtschaftlichen Situation des Unternehmens während des Berichtszeitraums und für die Zukunft.

Lagerumschlagshäufigkeit *(inventory turnover):* Sie stellt den Umsatz bezogen auf den Lagerbestand – i. d. R. zum Ende der Abrechnungsperiode – dar. Die Lagerumschlagshäufigkeit gibt an, wie oft für die Realisation des Umsatzes das Lager komplett aufgefüllt werden muss.

Latente Steuern *(deferred taxes):* Resultieren nach dem Temporary-Konzept aus dem Unterschied zwischen dem

Buchwert von Vermögensgegenständen bzw. Schulden in der Handelsbilanz und ihrem Ansatz in der Steuerbilanz.

Leverage-Effekt *(leverage effekt):* Falls die Gesamtkapital-rentabilität (GKR) den Fremdkapitalzinssatz (FKZ) übersteigt, so bewirkt der Leverage-Effekt bei einer Erhöhung des Verschuldungsgrads (FK : EK) einen überproportionalen Anstieg der Eigenkapitalrentabilität (EKR). Allerdings steigt mit der zunehmenden Verschuldung auch das Risiko. Die Leverage-Formel für die Eigenkapitalrentabilität lautet:

$$EKR = GKR + (GKR - FKZ) \times \frac{FK}{EK}$$

Lifo-Verfahren *(lifo method):* Das Lifo-(last in, first out) Verfahren ist ein Verbrauchsfolgeverfahren der Sammelbewertung von Vorräten. Bei dieser Methode wird davon ausgegangen, dass der Endbestand aus den anfänglichen Lieferungen besteht.

Liquidation *(liquidation):* Die Liquidation setzt der Tätigkeit des Unternehmens ein Ende. Sie kann freiwillig erfolgen oder zwangsweise gerichtlich vorgenommen werden (Insolvenz).

Liquidationswert *(liquidation value):* Wert, der sich bei der Liquidation eines Unternehmens als Summe der Veräußerungserlöse für die einzelnen Vermögensgegenstände abzüglich der Schulden des Unternehmens ergibt.

Liquide Mittel *(cash and cash equivalents):* Bargeld und jederzeit verfügbares Bankguthaben sowie sofort veräußerbare Wertpapiere stellen liquide Mittel dar.

Liquiditätsgrade *(liquidity ratio):* Bilanzkennzahlen zur Analyse der Liquidität (L) eines Unternehmens. Es können die folgenden drei Liquiditätsgrade unterschieden werden:

Liquidität 1. Grades *(cash ratio):* Barliquidität

$$L\ 1.\ Grades = \frac{\text{liquide Mittel}}{\text{kurzfristiges Fremdkapital}} \times 100$$

Liquidität 2. Grades *(quick ratio):* Liquidität auf kurze Sicht

$$L\ 2.\ Grades = \frac{\text{liquide Mittel + kurzfr. Forderungen}}{\text{kurzfristiges Fremdkapital}} \times 100$$

Liquidität 3. Grades *(current ratio):* Liquidität auf mittlere Sicht

$$L\ 3.\ Grades = \frac{\text{liquide Mittel + kurzfr. Forderungen + Vorräte}}{\text{kurzfristiges Fremdkapital}} \times 100$$

Lucky Buy *(lucky buy):* Ein Unternehmenskauf, bei dem das gekaufte Unternehmen unterbewertet ist, d. h. der Kaufpreis ist geringer als das bilanzielle Eigenkapital. Somit liegt der Kaufpreis des Unternehmens unter dem eigentlichen Unternehmenswert.

Mahnung *(reminder, dunning letter):* Aufforderung eines Gläubigers an einen Schuldner, die geschuldete Leistung zu erbringen.

Maßgeblichkeitsprinzip *(authoritative principle):* Die Wertansätze der Handelsbilanz sind grundsätzlich für die Steuerbilanz zu übernehmen, sofern keine steuerrechtlichen Vorschriften entgegenstehen.

Materialeinsatz *(spending on materials):* Das verbrauchte Material bzw. die verkauften Waren, bewertet zu Einstandspreisen, stellen den Materialeinsatz dar. Der Material- bzw. Wareneinsatz kann wie folgt ermittelt werden:

	Anfangsbestand des Materials
+	Zukäufe des Materials
-	Endbestand des Materials
=	**Materialeinsatz**

Materialeinzelkosten *(direct material cost):* Die einem Vermögensgegenstand unmittelbar zurechenbaren Kosten für Roh-, Hilfs- und Betriebsstoffe sowie fertig bezogene Teile.

Materialgemeinkosten *(material overhead costs):* Die nicht unmittelbar einem Vermögensgegenstand zurechenbaren Kosten, z. B. für Einkauf, Wareneingangsprüfung, Materiallagerung, Materialverwaltung und Materialausgabe.

Nebenbücher *(subsidary ledger):* Sie dienen der weitergehenden Differenzierung der Aufzeichnungen im Rahmen der Buchführung, die vom Grundbuch und Hauptbuch nicht geleistet werden können. Wichtige Nebenbücher sind die Anlagen-, Lohn- und Gehalts-, die Debitoren-, die Kreditoren- und die Kassenbuchhaltung.

Nettofinanzschulden *(net financial liabilities):* Verbindlichkeiten aus Krediten oder Anleihen abzüglich des Kassenbestands, der Guthaben bei den Kreditinstituten und der kurzfristig veräußerbaren Wertpapiere.

Net Working Capital *(Nettoumlaufvermögen):* Die Differenz zwischen kurzfristigen Vermögenswerten und kurzfristigen, nicht verzinslichen Verbindlichkeiten. Es umfasst die Vorräte, Forderungen und sonstigen Vermögenswerte abzüglich Verbindlichkeiten aus Lieferungen und Leistungen, sonstige kurzfristige, nicht verzinsliche Verbindlichkeiten und kurzfristige Rückstellungen.

Neutrales Ergebnis *(non-operating result):* Es bezeichnet die Differenz zwischen neutralen Erträgen und neutralen Aufwendungen, d.h. den Erfolg aus nicht gewöhnlicher Geschäftstätigkeit des Unternehmens (Börsengewinne/-verluste, Verkauf von Maschinen über/unter Buchwert etc.). Das neutrale Ergebnis hat mit dem eigentlichen Geschäftszweck nichts zu tun.

Niederstwertprinzip *(lower of cost or market principle):* Gesetzlicher Bewertungsgrundsatz bei der Aktiva, nach dem von zwei möglichen Wertansätzen (z. B. Anschaffungs- oder Herstellungskosten und Börsen- oder Marktpreis) aus Vorsichtsgründen stets der niedrigere Wert anzusetzen ist. Das Niederstwertprinzip gilt uneingeschränkt für alle Vermögensgegenstände des Umlaufvermögens; beim Anlagevermögen ist es nur bei voraussichtlich dauernder Wertminderung zwingend anzuwenden. Das Niederstwertprinzip gilt über § 5

EStG auch für die Steuerbilanz (Maßgeblichkeit der Handelsbilanz für die Steuerbilanz).

Nutzungsdauer *(useful life):* Gibt an, über welche Zeitspanne die Anschaffungskosten eines Anlagegutes verteilt werden. Sie ist maßgeblich für die Höhe der Abschreibungen.

Offene Posten *(open items):* Noch nicht bezahlte Rechnungen, die jedoch gestellt wurden (Forderung) bzw. eingegangen sind (Verbindlichkeit). Diese offenen Posten bilden beim Jahresabschluss die Forderungen bzw. Verbindlichkeiten.

Offenlegung *(disclosure):* Kapitalgesellschaften und andere große Unternehmen bestimmter Größenordnung sind vom Gesetzgeber verpflichtet, ihre Jahresabschlüsse zu publizieren, d. h. beim Betreiber des elektronischen Bundesanzeigers einzureichen, wo sie an das elektronisch geführte Unternehmensregister weitergeleitet werden.

Operativer Gewinn *(operating profit):* Der Gewinn aus der gewöhnlichen Geschäftätigkeit des Unternehmens. Ermittelt wird er aus dem Jahresergebnis abzüglich des außerordentlichen Ergebnisses.

Passiva *(liabilities and equity side):* Die auf der Passivseite der Bilanz ausgewiesenen finanziellen Mittel, d.h. die Summe des Kapitaleinsatzes (Eigen- und Fremdkapital) zur Finanzierung der Vermögenspositionen.

Passivieren *(passivate):* Es werden Passivposten auf der Passivseite der Bilanz angesetzt.

Pauschalwertberichtigung *(general provision, global valuation adjustment):* Die Pauschalwertabschreibung auf Forderungen dient der Berücksichtigung des allgemeinen Ausfallrisikos bei Forderungen. Diesem nicht vorhersehbaren allgemeinen Ausfall- bzw. Kreditrisiko wird durch eine Pauschalabschreibung (z. B. 1 bis 2 % des Forderungsbestandes zum Bilanzstichtag) Rechnung getragen.

Pensionsrückstellungen *(pensions provisions):* Durch Pensionsrückstellungen werden künftige Altersversorgungsleistungen für Arbeitnehmer und Arbeitnehmerinnen bilanziell ausgewiesen und die zukünftigen Aufwendungen berücksichtigt. Die Pensionsrückstellung wird nach versicherungsmathematischen Grundsätzen ermittelt, dabei sind erwartete Gehalts- und Rentensteigerungen miteinzubeziehen.

Periodenabgrenzung *(accruals accounting):* Aufwendungen und Erträge eines Geschäftsjahres sind unabhängig von den Zahlungszeitpunkten im Jahresabschluss zu berücksichtigen.

Personalkosten *(personnel costs):* Sie umfassen Löhne, Gehälter, gesetzliche und freiwillige soziale Aufwendungen sowie alle restlichen Personalnebenkosten.

Privateinlage *(private asset contribution):* Führt zu einer Erhöhung des Eigenkapitals. Bringt ein Unternehmer Geld oder Vermögensgegenstände in sein Unternehmen ein, um diese Vermögensgegenstände betrieblich zu nutzen, liegt eine Privateinlage vor.

Privatentnahme *(private drawing):* Führt zu einer Minderung des Eigenkapitals. Entnimmt ein Unternehmer Geld oder Vermögensgegenstände aus seinem Unternehmen, um diese privat zu nutzen, liegt eine Privatentnahme vor, die über das Konto „unentgeltliche Wertabgabe" gebucht wird.

Privatkonto *(proprietor's drawing account):* Unterkonto des Eigenkapitalkontos. Als Privatkonto wird bei Einzelfirmen und Personengesellschaften das Konto bezeichnet, auf dem private Geldbewegungen (des Unternehmers oder der Gesellschafter) abgewickelt und buchhalterisch erfasst werden.

Quotenkonsolidierung *(proportional consolidation):* Eine Konsolidierungsform bei Gemeinschaftsunternehmen (Joint Ventures). Bei der Quotenkonsolidierung werden die Vermögensgegenstände, die Schulden sowie die Aufwendungen und die Erträge der Gemeinschaftsunternehmen nur in Höhe des Beteiligungsprozentsatzes, den die Muttergesellschaft hält, in den Konzernabschluss einbezogen.

Rabatt *(discount):* Vertraglich vereinbarter Preisnachlass, z. B. für bestimmte Abnahmemengen. Der Rabatt stellt eine Erlösschmälerung dar.

Realisationsprinzip *(realization principle):* Ein Bewertungsgrundsatz, der aus dem Vorsichtsprinzip abgeleitet ist. Gewinne dürfen erst dann ausgewiesen werden, wenn ein Unternehmen seine Leistungspflicht Dritten gegenüber wirtschaftlich in vollem Umfang erfüllt hat.

Rechnungsabgrenzungsposten *(accurals and defferals):* Durch die Rechnungsabgrenzung auf der Aktivseite und der Passivseite der Bilanz wird die periodengerechte Erfolgsermittlung sichergestellt. Das bedeutet, dass Aufwendungen und Erträge der Periode zugeordnet werden, in der sie verursacht wurden. Unter die aktiven Rechnungsabgrenzungsposten fallen solche Vorgänge, bei denen die Zahlung im alten

Jahr geleistet wurde, der Aufwand aber im neuen Jahr zugeordnet werden muss:

Transitorische Posten	Auszahlung jetzt, Aufwand später	Aktiver Rechnungs-abgrenzungsposten
Transitorische Posten	Einzahlung jetzt, Ertrag später	Passiver Rechnungs-abgrenzungsposten
Antizipative Posten	Ertrag jetzt, Einzahlung später	Sonstige Forderung
Antizipative Posten	Aufwand jetzt, Auszahlung später	Sonstige Verbindlichkeit

Rechnungsabgrenzungsposten

Reingewinn *(net income/profit):* Der positive Überschuss
von Rohertrag und Aufwand. Er entsteht, wenn die Erträge
größer sind als die Aufwendungen. Der Reingewinn erhöht
das Eigenkapital.

Reinvermögen *(net assets):* Die Differenz zwischen der
Summe der Vermögenspositionen (Aktiva) und der Summe
der Schulden (Fremdkapital).

Rentabilität *(profitability):* Die Rentabilität gibt an, in welcher Höhe sich das eingesetzte Kapital eines Unternehmens
verzinst hat. Typische Rentabilitätskennziffern sind die Ge-
samt- und die Eigenkapitalrentabilität, der Return on Investment (ROI) sowie die Umsatzrentabilität.

Restbuchwert *(carrying amount):* Wert, mit dem ein Vermögensgegenstand zum jeweiligen Zeitpunkt in der Bilanz
angesetzt wird, nachdem die kumulierten Abschreibungen

von den Anschaffungs- oder Herstellungskosten abgezogen wurden.

Restnutzungsdauer *(remaining life):* Die zu einem bestimmten Bilanzstichtag noch verbleibende Nutzungsdauer eines Anlagegutes.

Retrograde Bewertung *(retrograde valuation):* Ermittlung der Anschaffungskosten bei Warenendbeständen, indem die Rohgewinnspanne vom voraussichtlichen Verkaufspreis abgezogen wird.

Return on Capital Employed (ROCE) *(return on capital employed):* Der ROCE ist eine Rentabilitätskennzahl. Er berechnet sich als Verhältnis aus dem Ergebnis vor Zinsen und Steuern (EBIT) und dem eingesetzten Kapital (Capital Employed). Das Capital Employed setzt sich aus dem Eigenkapital und dem verzinslichen Fremdkapital (= Finanzschulden + Pensionsrückstellungen) zusammen.

$$ROCE = \frac{EBIT}{Capital\ Employed} \times 100$$

Roherfolg *(gross margin):* Die Differenz zwischen Umsatzerlösen und Wareneinsatz.

Rohgewinn *(gross profit):* Vom Rohgewinn spricht man, wenn die Umsatzerlöse größer sind als der Wareneinsatz.

Rohstoffe *(raw material):* Grundstoffe, die im Produktionsprozess in das Erzeugnis eingehen. Rohstoffe bilden den stofflichen Hauptbestandteil der Erzeugnisse.

Rohverlust *(gross loss):* Vom Rohverlust spricht man, wenn die Umsatzerlöse kleiner sind als der Wareneinsatz.

Rücklagen *(reserves):* Posten innerhalb des Eigenkapitals in der Bilanz. Rücklagen können offen als Kapital- oder Gewinnrücklagen ausgewiesen werden oder sind als stille Rücklagen durch die Unter- und Überbewertung bestimmter Bilanzpositionen in der Bilanz verdeckt enthalten.

Rückstellungen *(provisions):* Posten auf der Passivseite der Bilanz. Rückstellungen sind unsichere Schulden, bei denen der Erfüllungszeitpunkt oder der Erfüllungsbetrag noch nicht endgültig feststehen. Sie werden z. B. für zukünftige Aufwendungen gebildet, die am Bilanzstichtag zwar verursacht, aber noch nicht eingetreten sind und deren Eintritt i. d. R. ungewiss ist.

Rumpfgeschäftsjahr (RGJ) *(short fiscal year, short period):* Eine Berichtsperiode, die weniger als zwölf Monate umfasst.

Sachanlagen *(property, plant and equipment)*: Bestandteil des Anlagevermögens. Darunter fallen z. B. Grundstücke, Gebäude, technische Anlagen, Maschinen, Geräte, Büro- und Geschäftsausstattung.

Sachkonto *(general ledger account, impersonal account):* Sachkonten sind Gliederungselemente in der Finanzbuchhaltung, um Buchungen nach unterschiedlichen Kriterien zu sammeln. Alle Sachkonten werden im Kontenplan dargestellt.

Saldenbilanz *(trial balance sheet):* Eine tabellarische Darstellung der zeitpunktbezogenen Salden aller Konten des Buchführungssystems.

Saldo *(account balance):* Die Differenz zwischen den Soll- und Haben-Werten eines Kontos, der beim Kontenabschluss auf der betragsmäßig niedrigeren Seite eingestellt wird.

Sammelbewertung (Verbrauchsfolgefiktion) *(group valuation):* Bei den Verfahren der Sammelbewertung wird das Vorratsvermögen mithilfe von fiktiven Annahmen auf vereinfachte Weise ermittelt. Zu den diesen Verfahren zählen die Durchschnittsbewertung, das Fifo- und das Lifo-Verfahren sowie die Festbewertungsmethode.

Schlussbilanz *(closing balance sheet):* Die Bilanz am Ende einer Rechnungsperiode.

Schlussbilanzkonto (SBK) *(closing balance sheet account):* Ein Hilfskonto, um in der doppelten Buchführung die Buchung des Schlussbestandes der Bilanz zu ermöglichen.

Schulden *(Liabilities):* Schulden bestehen aus Verbindlichkeiten und Rückstellungen. Sie stellen sichere und unsichere Zahlungsverpflichtungen dar.

Schuldenkonsolidierung *(receivables and payables consolidation):* Beim Konzernabschluss werden alle Verbindlichkeiten und Forderungen zwischen Konzerngesellschaften vollständig gegeneinander aufgerechnet.

Segmentberichterstattung *(segment reporting):* Offenlegung von Vermögens- und Ergebnisinformationen zu einzelnen Teilbereichen eines Unternehmens, untergliedert nach Tätigkeitsbereichen (Unternehmensbereichen) und geografischen Merkmalen (Regionen).

Sichteinlage *(sight deposit):* Guthaben auf einem Bankkonto, über das jederzeit verfügt werden kann.

Skonto *(cash discount):* Ein Preisnachlass, der bei Zahlung innerhalb einer bestimmten Frist vom Rechnungsbetrag abgezogen werden kann.

Sollbuchung *(debt entry):* Eintrag in ein Konto auf der Sollseite, d. h. der linken Seite eines Kontos. Bei einem Vermögenskonto wird durch die Sollbuchung eine Mehrung repräsentiert.

Sollseite *(debit side):* Die linke Seite eines Buchungskontos.

Sollversteuerung *(taxing of agreed receipts):* Eine Besteuerungsart bei der Umsatzsteuer. Die Umsatzsteuer-Zahllast ist nicht nur aufgrund der tatsächlich geflossenen Beträge, sondern auch aus den Forderungen zu entrichten.

Sondereinzelkosten der Fertigung *(special direct manufactoring costs):* Unmittelbar zurechenbare, besondere Fertigungskosten, die ausschließlich der Produktion des betreffenden Vermögensgegenstandes dienen, z. B. Werkzeuge oder Konstruktionsmodelle.

Sonstige betriebliche Erträge *(other operating income):* Unter dem Posten „sonstige betriebliche Erträge" werden alle Erträge ausgewiesen, die im Rahmen der gewöhnlichen Geschäftstätigkeit erzielt wurden und nicht unter die anderen Ertragspositionen eingeordnet werden können. Die „sonstigen betrieblichen Erträge" stellen also einen Sammelposten dar. Zu ihnen zählen beispielsweise:

- Erträge aus dem Abgang von Anlagegegenständen,
- Erträge aus Zuschreibungen bei Anlagegegenständen,

- Erträge aus der Auflösung des Sonderpostens mit Rücklageanteil,
- Erträge aus der Zuschreibung zu Forderungen,
- Aktivierung von unentgeltlich erworbenen Vermögensgegenständen.

Sonstige Forderungen *(other receivables):* Sie sind zu aktivieren, wenn der Ertrag einem Zeitraum des bereits abgelaufenen Geschäftsjahres zuzurechnen ist, die entsprechende Zahlung aber erst nach dem Bilanzstichtag stattfindet.

Sonstige Verbindlichkeiten *(other liabilities):* Sie sind anzusetzen, wenn der Aufwand einem Zeitraum des bereits abgelaufenen Geschäftsjahres zuzuordnen ist, die dazugehörige Zahlung aber erst nach dem Bilanzstichtag durchgeführt wird.

Stetigkeitsprinzip *(consistency):* Die auf den vorhergehenden Jahresabschluss angewandten Bewertungsmethoden sind beizubehalten, heißt es in § 252 Abs. 1 Satz 6 HGB.

Steuerbilanz *(tax balance sheet):* Eine nach steuerrechtlichen Vorschriften aufgestellte Bilanz, um das zu versteuernde Einkommen zu ermitteln.

Steuerquote *(tax rate):* Bei der Steuerquote wird der Ertragssteueraufwand ins Verhältnis zum Ergebnis vor Steuern gesetzt.

Stille Reserven *(hidden reserve):* Der Unterschied zwischen dem Buchwert in der Bilanz eines Vermögensgegenstandes und dem höheren tatsächlichen Wert der Aktiva bzw. dem niedrigeren tatsächlichen Werten der Passiva am Bilanzstichtag.

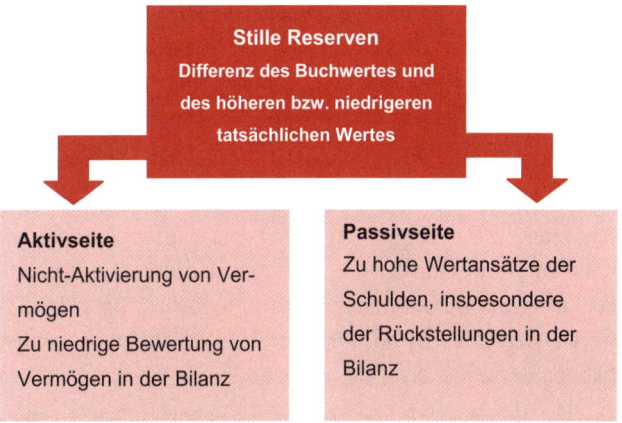

Stille Reserven

Stornobuchung *(reversing entry):* Sie macht eine Falschbuchung rückgängig.

Strukturbilanz *(structural balance sheet):* Sie entsteht durch Aufbereitung der Handelsbilanz für die Jahresabschlussanalyse. Alle Aktivposten werden den Positionen „Anlagevermögen" und „Umlaufvermögen" zugeordnet. Für die Passivposten erfolgt eine Einteilung in „Eigenkapital", „langfristiges und kurzfristiges Fremdkapital".

Substanzwert *(net asset value):* Auch Reproduktionswert genannt. Er setzt sich aus den Wiederbeschaffungskosten aller Vermögensgegenstände eines Unternehmens zusammen.

Die Substanzwertmethode ist ein Verfahren zur Bestimmung des Unternehmenswertes.

Summenbilanz *(aggreated balance sheet):* Für die Konzernrechnungslegung werden die auf die Abschlussvorschriften angepassten Einzelabschlüsse (Handelsbilanz II) positionsweise addiert. Das Ergebnis stellt die Summenbilanz dar.

Tantieme *(bonus, royalty):* Anteil am Geschäftsgewinn.

Teilwert *(fraction value, going concern value):* Ein (geschätzter) Wert, den ein Erwerber des ganzen Betriebs im Rahmen des Gesamtkaufpreises für das einzelne Wirtschaftsgut ansetzen würde. Dabei ist zu unterstellen, dass der Erwerber den Betrieb fortführt. Der Teilwert entspricht einem fiktiven Verkaufspreis.

Testat *(certificate):* Erklärung eines unabhängigen Steuerberaters oder Wirtschaftsprüfers, die bestätigt, dass der Jahresabschluss einer Gesellschaft den gesetzlichen Vorschriften entspricht.

Thesaurierung *(retention):* Nichtausschüttung von Gewinnen an die Gesellschafter, d. h. die Gewinne bleiben im Unternehmen.

Tochtergesellschaft *(subsidiary):* Ein Konzernunternehmen, welches unter maßgeblichem Einfluss einer Obergesellschaft (Muttergesellschaft oder Holding) steht.

Überschuldung *(over indebteness, excessive indebtedness):* Unternehmenszustand, bei dem die Schulden das Eigenkapital aufgezehrt haben und somit nicht mehr durch das Vermögen abgedeckt sind.

Überschussrechnung *(cash basis accounting)*: Eine steuerliche Gewinnermittlungsmethode, bei welcher der Gewinn als Überschuss der Betriebseinnahmen über die Betriebsausgaben ermittelt wird.

Umlaufvermögen *(current assets):* Vermögensgegenstände, die nicht dazu bestimmt sind, dauerhaft dem Geschäftsbetrieb zu dienen und keine Posten der Rechnungsabgrenzung sind. Zum Umlaufvermögen gehören z. B. flüssige Mittel (Kassenbestände, Bankguthaben), Vorratsbestände (Roh-, Hilfs-, Betriebsstoffe, unfertige und fertige Erzeugnisse), Kundenforderungen und sonstige Forderungen (z. B. Gehaltsvorschüsse).

Umsatzerlös *(turnover, sales revenue):* Erster Ertragsposten in der GuV-Rechnung. Erlöse für branchentypische Leistungen, die von einem Unternehmen für Dritte erbracht werden und in der Berichtsperiode in Rechnung gestellt werden.

Umsatzkostenverfahren (UKV) *(cost of sales method):* Eine Methode zur Aufstellung der Gewinn- und Verlustrechnung. Dabei werden den Umsatzerlösen nur die Kosten gegenübergestellt werden, die für die Entstehung dieser Umsatzerlöse angefallen sind. Das Umsatzkostenverfahren kann nach dem HGB und den IFRS anstatt des Gesamtkostenverfahrens angewendet werden. Die US-GAAP schreiben das UKV vor.

Umsatzrentabilität *(percentage return on sale):* Der prozentuale Anteil des Gewinns (Betriebsgewinn, operativer Gewinn) vom Umsatz.

$$\text{Umsatzrentabilität} = \frac{\text{Gewinn}}{\text{Umsatz}} \times 100$$

Umsatzsteuer *(value added tax):* Auch Mehrwertsteuer genannt. Sie besteuert die Lieferungen oder sonstigen Leistungen, die ein Unternehmer im Inland gegen Entgelt im Rahmen seines Unternehmens ausführt, sowie die unentgeltliche Wertabgabe und die Einfuhr. Die Umsatzsteuer ist vom Unternehmer ans Finanzamt zu entrichten, wird aber über die Preisbildung an den Endverbraucher übertragen. Sie ist eine indirekte Verbrauchsteuer. Die Rechtsgrundlagen stehen im Umsatzsteuergesetz (UStG).

Umsatzsteuer-Identifikationsnummer, abgekürzt USt-IdNr. *(sales tax identification number):* Sie dient innerhalb des Europäischen Binnenmarkts der eindeutigen Kennzeichnung eines Umsatzsteuerpflichtigen. Wer als Unternehmer am innergemeinschaftlichen Warenverkehr der EU teilnehmen möchte, benötigt zusätzlich zur Steuernummer die Ust-IdNr.

Umsatzsteuer-Zahllast *(value added tax payable):* Die Zahllast ist der Überschuss der Umsatzsteuer gegenüber der Vorsteuer und damit eine Verbindlichkeit gegenüber dem Finanzamt.

Unentgeltliche Wertabgabe *(private consumption):* Auch Eigenverbrauch genannt. Privatentnahme, die gleichzeitig eine steuerpflichtige unentgeltliche Warenentnahme ist und bei der die Umsatzsteuer erhoben werden muss.

Unfertige Erzeugnisse *(work in progress):* Bearbeitete oder verarbeitete Stoffe, deren Produktionsprozess noch nicht beendet ist. Sie werden auch als Halbfabrikate oder Zwischenerzeugnisse bezeichnet. Die unfertigen Erzeugnisse werden mit den Herstellungskosten bewertet.

Unternehmensbewertung *(due dilligence, appraisal of business):* Sie befasst sich mit der Ermittlung des Wertes eines Unternehmens, einer Beteiligung oder eines Betriebsteils.

Verbindlichkeiten *(liabilities):* Verpflichtungen gegenüber Dritten, wie z. B. Bankverbindlichkeiten, Darlehen oder Lieferantenverbindlichkeiten, die eindeutig feststehen. Sie werden in der Bilanz auf der Passivseite nach den Rückstellungen ausgewiesen.

Verbundene Unternehmen *(affiliated company):* Sie sind dadurch gekennzeichnet, dass ein Mutterunternehmen bzw. eine Körperschaft einen beherrschenden Einfluss hat oder eine einheitliche Leitung ausübt.

Verlust *(loss):* Bei einem Verlust übersteigt die Summe der Aufwendungen die Summe der Erträge.

Verlustvortrag *(loss carried forward):* Übertrag des Bilanzverlustes aus dem Vorjahr auf das nächste Geschäftsjahr. Der Verlustvortrag stellt eine Korrektur zum Eigenkapital dar.

Vermögen *(assets, property):* Das Vermögen (Aktiva der Bilanz) eines Unternehmens besteht aus der Gesamtheit der materiellen und immateriellen Vermögensgegenstände, d. h. aus dem Anlage- und Umlaufvermögen der Bilanz.

Vermögenswirksame   Leistungen   *(capital-forming benefits)*: Geldleistungen, die der Arbeitgeber für den Arbeitnehmer in einer nach dem Vermögensbildungsgesetz vorgeschriebenen Anlageform anlegt.

Verschuldungsgrad *(debt ratio)*: Bilanzkennzahl, die das Verhältnis zwischen Fremdkapital und Eigenkapital darstellt.

Vorkasse *(cash in advance)*: Bei dem Prinzip der Vorkasse (auch Vorauskasse) zahlt ein Kunde einem Lieferanten oder Unternehmen den Betrag für die bestellte Leistung im Voraus. Nach Zahlungseingang erhält der Kunde das bezahlte Produkt bzw. die Leistung. In der Praxis wird dieses Prinzip häufig im Internet-Versandhandel eingesetzt. Für den Verkäufer bedeutet dies eine hohe Sicherheit, da er so seine Leistung in jedem Fall bezahlt bekommt.

Vorräte *(inventories)*: Die Lagerbestände an Roh-, Hilfs- und Betriebsstoffen, Halbfabrikaten und Fertigerzeugnissen sowie Handelswaren, die zum Verbrauch oder zur Veräußerung bestimmt sind. Sie werden in der Bilanz auf der Aktivseite unter dem Umlaufvermögen ausgewiesen.

Vorschuss *(advance)*: Ein einem Arbeitnehmer auf freiwilliger Basis eingeräumter zinsloser Kredit.

Vorsichtsprinzip *(principle of prudence)*: Das handelsrechtliche Vorsichtsprinzip ist ein wesentlicher Bewertungsgrundsatz. Er trägt dem Gläubigerschutzgedanken Rechnung und verlangt eine vorsichtige Bewertung der Vermögensgegenstände und Schulden. Das Vorsichtsprinzip findet seine Ausprägung bzgl. der Passiva im Imparitätsprinzip und bzgl. der

Aktiva im Realisationsprinzip, wonach z. B. der Ausweis noch nicht realisierter Gewinne nicht zulässig ist.

Vorsteuer *(input tax):* Die auf Vorleistungen berechnete/gezahlte Umsatzsteuer. Vorsteuer nennt man die Umsatzsteuer, die in einer Rechnung von einem Unternehmer an einen anderen Unternehmer ausgewiesen ist und für den Erwerb von Gegenständen für das Unternehmen bezahlt werden muss. Die Vorsteuer kann mit der in Rechnung gestellten Umsatzsteuer verrechnet werden. Nur der Unterschiedsbetrag (Umsatzsteuer > Vorsteuer) muss an das Finanzamt abgeführt werden.

Wareneinkaufskonto *(account of goods puchased):* Es erfasst den Warenverkehr mit den Lieferanten.

Wareneinsatz *(cost of sales):* Auch Warenaufwand genannt. Er ist die Saldogröße bei Abschluss des Wareneinkaufskontos, nachdem der Endbestand laut Inventur eingetragen wurde.

Warenverkaufskonto *(sales account):* Es erfasst den Warenverkehr mit den Kunden.

Wertaufhellende Ereignisse *(adjusting events after the balance sheet date):* Vorteilhafte oder nachteilhafte Ereignisse nach dem Bilanzstichtag, die Hinweise auf bereits am Abschlussstichtag bestandene Sachverhalte geben. Sie sind bei der Erstellung des Abschlusses bis zum Ende des Wertaufhellungszeitraums (Fertigstellung des Abschlusses) zu berücksichtigen, indem die entsprechenden Posten angepasst werden.

Wertaufholung (Zuschreibung) *(appreciation in value):* Unternehmen müssen bei Vermögensgegenständen Zuschreibungen (Wertaufholung) vornehmen, falls die Gründe für eine außerplanmäßige Abschreibung in späteren Jahren entfallen (§ 286 HGB).

Wertberichtigungskonto *(valuation account):* Hier werden die Abschreibungen nach der indirekten Methode erfasst.

Wertpapiere *(securities):* Ein verbrieftes Vermögensrecht, zu dessen Ausübung die Urkunde ermächtigt.

Wertschöpfung *(value added):* Der um die Vorleistungen verminderte Gesamtwert, den ein Unternehmen für seine Abnehmer schafft.

> Wertschöpfung = Umsatz – Vorleistungen

Wiederbeschaffungskosten *(replacement costs):* Kosten, die für die Wiederbeschaffung eines Vermögensgegenstandes aufgewendet werden müssen.

Window-Dressing *(window dressing):* Legale Bilanzkosmetik, d. h. „Verschönerung" der Bilanz durch Transaktionen, die mit Blick auf den Bilanzstichtag vorgenommen werden, insbesondere die Aufnahme zusätzlicher flüssiger Mittel.

Wirtschaftliches Eigentum *(beneficial ownership):* Liegt vor, wenn jemand während der betriebsgewöhnlichen Nutzungsdauer über einen Vermögensgegenstand verfügen kann. Häufig fallen zivilrechtliches und wirtschaftliches Eigentum zusammen. Das wirtschaftliche Eigentum ist maßgeblich für die Bilanzierung.

Wirtschaftlichkeit *(profitability, economics):* Kennzahl, die das Verhältnis zwischen Output und Input beschreibt.

Working Capital *(working capital):* Kennzahl, die angibt, in welchem Verhältnis das Umlaufvermögen zum kurzfristigen Fremdkapital steht. Das Working Capital wird auch als Nettoumlaufvermögen (Umlaufvermögen minus kurzfristiges Fremdkapital) bezeichnet.

Zahlungsbemessungsfunktion *(determination of payments):* Der Jahresabschluss bildet zum einen die Grundlage für die Ermittlung von erfolgsabhängigen Auszahlungen (wie Erfolgsbeteiligungen und Dividenden) und zum anderen die Grundlage für die Besteuerung des Unternehmens. In Deutschland besitzt nur der Einzelabschluss eine Zahlungsbemessungsfunktion.

Zeitwert *(fair value):* Der beizulegende Zeitwert ist der Wert, der Vermögensgegenständen und Schulden am Bilanzstichtag zukommt.

Zinsaufwand *(interest expense):* Aufwand für die Inanspruchnahme von geliehenen Zahlungsmitteln.

Zinsdeckung *(interest cover):* Bilanzkennzahl, die angibt, wie oft das EBIT ausreicht, um den Zinsaufwand zu finanzieren. Die Kennzahl zeigt, wie effektiv das Unternehmen das Fremdkapital einsetzt.

$$\text{Zinsdeckung} = \frac{\text{EBIT}}{\text{Zinsaufwand}}$$

Zuschreibungen *(attributions):* Eine Wertaufholung der Buchwerte erfolgt, nachdem die Gründe zur Vornahme von außerplanmäßigen Abschreibungen weggefallen sind.

Zweckgesellschaft *(special purpose entity):* Gesellschaft, die ausschließlich zur Erreichung eines bestimmten definierten Geschäftszweckes (z. B. der Verbriefung eines Kreditportfolios) gegründet wurde.

Zweifelhafte Forderungen *(doubtful accounts receivables):* Forderungen, die mit einiger Wahrscheinlichkeit ausfallen können.

Zweikreissystem *(dual accounting system):* Organisationsform des Rechnungswesens: Die Finanzbuchhaltung (externes Rechnungswesen) und die Kosten- und Leistungsrechnung (internes Rechnungswesen) sind in zwei Rechnungsbereiche geteilt.

IFRS

In jedem Land gibt es eigene Rechnungslegungs- und Bilanzierungsstandards, daher sind die Jahresabschlüsse aus verschiedenen Ländern nicht direkt miteinander vergleichbar. In der EU wurde vor einigen Jahren ein einheitlicher Standard für die Konzernabschlüsse – die IFRS – eingeführt, um den Investoren die Entscheidung über eine Beteiligung oder einen Aktienkauf zu erleichtern.

Die International Financial Reporting Standards (IFRS) sind die vom International Accounting Standards Board (IASB) entwickelten und herausgegebenen Rechnungslegungsstandards. Ihr Hauptzweck ist die Förderung von Qualität, Transparenz und internationaler Vergleichbarkeit von Jahresabschlüssen. Neben den eigentlichen IFRS werden unter dem Begriff der IFRS auch die noch gültigen IAS sowie die Interpretationen des IFRIC und der SIC subsumiert.

Bei den IFRS steht der Investor und somit die Ertragskraft des Unternehmens im Vordergrund, um potenzielle Investoren und Anleger zu informieren, und nicht wie im Handelsrecht der Gläubigerschutz.

In diesem Kapitel werden die englischen Begriffe genannt, da sie international üblich sind und auch in Deutschland häufiger benutzt werden als die deutschen. Jedem Stichwort ist die deutsche Übersetzung beigefügt.

Acquisition cost *(Anschaffungskosten):* Sie setzen sich zusammen aus: dem Anschaffungspreis (zuzüglich der Einfuhrzölle und der nicht erstattungsfähigen Umsatzsteuer) zuzüglich den Anschaffungsnebenkosten und abzüglich Anschaffungspreisminderungen (z. B. Rabatten, Boni oderSkonti).

Acquisitions through exchange *(Erwerb durch Tausch):* Wird ein Vermögenswert des Sachanlagevermögens durch Tausch erworben, so wird der neue Vermögenswert mit dem Zeitwert des neuen Vermögenswertes bewertet. Wenn der Tausch keine erheblichen wirtschaftlichen Auswirkungen hat oder nicht mit dem Zeitwert des neuen oder abgegebenen Vermögenswertes verlässlich ermittelt werden kann, wird der neue Vermögenswert zum Buchwert des abgegebenen Vermögenswertes angesetzt.

Accruals *(abgegrenzte Schulden):* Sie stellen im IFRS-Abschluss eine Untergruppe der liabilities (Schulden) dar. Bei den accruals handelt es sich um Schulden, die dem Grunde nach i. d. R. feststehen. Jedoch besteht bzgl. ihrer Höhe und/oder ihres Erfüllungszeitpunktes ein minimales Restrisiko (z. B. Verpflichtung aus Urlaubsrückstellung, Jahresabschluss- und Prüfkosten etc.). Die accruals unterscheiden sich von den Rückstellungen (provisions) durch einen wesentlich höheren Bestimmtheitsgrad hinsichtlich der Höhe und des Zeitpunkts der Verpflichtungserfüllung. Die accruals sind getrennt von den Provisions auszuweisen.

Accrual basis *(Periodenabgrenzung):* Nach dem Prinzip der Periodenabgrenzung werden Aufwand und Ertrag der Periode zugeordnet, für die sie angefallen sind. Der Zeitpunkt der Zahlung spielt dabei keine Rolle.

Active market *(aktiver Markt):* Ein Markt, auf dem die gehandelten Produkte homogen sind, vertragswillige Käufer/Verkäufer i. d. R. jederzeit vorhanden sind und die Preise der Öffentlichkeit zur Verfügung stehen.

Actuarial gains and losses *(versicherungsmathematische Gewinne/Verluste):* Auswirkungen von Änderungen versicherungsmathematischer Parameter (z. B. durch Veränderung der Kapitalmarktzinsen, Anpassung der Sterbetafeln) im Rahmen der Berechnung von Pensionsverpflichtungen.

Amortisation *(Abschreibung):* Die planmäßige Abschreibung auf immaterielle Vermögenswerte.

Amortized cost *(fortgeführte Anschaffungs- oder Herstellungskosten, abgekürzt AHK):* Die um die planmäßigen Abschreibungen verminderten Anschaffungs- oder Herstellungskosten.

Cost model *(Anschaffungskostenmethode):* Bewertung von Vermögenswerten und Schulden zu Anschaffungs- oder Herstellungskosten. Bei der Folgebewertung stellen die Anschaffungs- oder Herstellungskosten grundsätzlich die wertmäßige Obergrenze dar.

Asset *(Vermögenswert):* Eine Ressource, die dem Unternehmen zur Verfügung steht und von der ein wirtschaftlicher Nutzen für das Unternehmen erwartet wird. Er muss verlässlich bewertet werden können.

Asset deal *(asset deal):* Erwerb von einzelnen Vermögenswerten und Schulden eines Unternehmens anstelle der Anteile.

Associated companies *(assoziierte Unternehmen):* Unternehmen, die in einem Beteiligungsverhältnis stehen und bei denen ein maßgeblicher Einfluss ausgeübt wird, obwohl es sich bei der Beteiligung weder um ein Tochter- noch um ein Gemeinschaftsunternehmen handelt. Ein maßgeblicher Einfluss wird vermutet, wenn ein Unternehmen an einem anderen Unternehmen mindestens 20 % der Stimmrechte hält.

At fair value through profit and loss *(erfolgswirksam zum beizulegenden Zeitwert bewertet):* Wertpapiere, die zu Handelszwecken gehalten werden, oder die aufgrund einer subjektiven Widmung des Managements im Zugangszeitpunkt erfolgswirksam zum fair value (beizulegender Zeitwert) bewertet werden sollen.

Available for sale financial assets *(zur Veräußerung verfügbare finanzielle Vermögenswerte):* Finanzielle Vermögenswerte, die als „zur Veräußerung verfügbar" klassifiziert sind. Es sind keine gewährten Darlehen und Forderungen, keine bis zur Endfälligkeit gehaltenen Investitionen oder keine finanziellen Vermögenswerte, die erfolgswirksam zum beizulegenden Zeitwert bewertet werden (IAS 39.9).

Badwill *(negativer Geschäfts- oder Firmenwert):* Betrag, um den der Kaufpreis eines Unternehmens unter dem Reinvermögen liegt und diese Differenz durch künftige negative Ertragsentwicklungen zu erklären ist.

Bargain purchase *(negativer Unterschiedbetrag):* Wird häufig auch als „Lucky Buy" (Glückskauf) bezeichnet. Von einem „bargain purchase" spricht man, wenn bei einem Unternehmenskauf der Kaufpreis für das Unternehmen geringer ist als sein Buchwert.

Bargain purchase test *(günstige Kaufoption):* Test im Rahmen der Prüfung, ob bei einem Leasingverhältnis ein operate leasing oder ein finance leasing vorliegt. Dabei geht es um die Frage, ob dem Leasingnehmer eine günstige Kaufoption eingeräumt wurde.

Basic principles of the IFRS *(Grundprinzipien der IFRS):* Die Grundprinzipien der IFRS sind im Framework (Rahmenkonzept) geregelt. Zu den Grundprinzipien gehören die Basisannahmen der Unternehmensfortführung (going concern) und der Grundsatz der Periodenabgrenzung (accrual basis). Diese Grundsätze werden im Framework durch die sog. qualitativen Zusatzanforderungen an die Rechnungslegung ergänzt. Die Übersicht auf der folgenden Seite fasst die Grundprinzipien der IFRS zusammen.

Biological assets *(biologische Vermögenswerte):* Fallen unter den Anwendungsbereich des IAS 41 und sind insbesondere lebende Tiere und Pflanzen. Diese werden grundsätzlich mit dem beizulegenden Zeitwert (fair value) abzüglich geschätzter Verkaufskosten bewertet. Wertänderungen sind GuV-wirksam zu buchen.

Business combination *(Unternehmenszusammenschluss):* Eine Transaktion oder ein anderes Ereignis, bei dem der Erwerber die Kontrolle über ein oder mehrere Unternehmen oder Geschäftsbereiche erlangt.

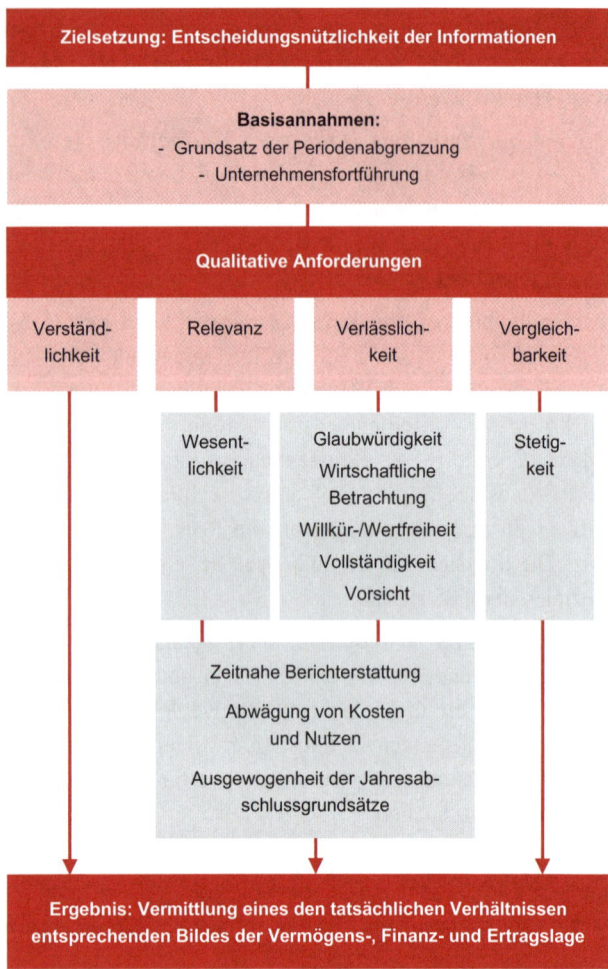

Grundprinzipien der IFRS

Capital employed *(eingesetztes Kapital):* Das im Jahresdurchschnitt eingesetzte Kapital, das aus Eigenkapital, Genussrechtskapital, verzinslichen Verbindlichkeiten, Pensionsrückstellungen und kumulierten Goodwill-Abschreibungen nach Abzug der flüssigen Mittel besteht.

Carrying amount *(derzeitiger Buchwert):* Der Betrag, mit dem ein Vermögenswert nach Abzug aller kumulierten Abschreibungen und kumulierten Wertminderungsaufwendungen erfasst wird, also der Bilanzwert des Vermögenswertes.

Cash equivalents *(Zahlungsmitteläquivalente):* Kurzfristige, sehr liquide Finanzanlagen, die jederzeit in bestimmte Zahlungsmittelbeträge umgewandelt werden können und nur geringen Wertschwankungen unterliegen.

Cash flow hedge *(Cashflow Hedge):* Es wird mithilfe eines Derivats ein künftiger Zahlungsstrom, aber keine Bilanzpositionen abgesichert. Die Bewertung des Sicherungsinstruments erfolgt zum beizulegenden Zeitwert und die Gewinne bzw. Verluste werden erfolgsneutral erfasst.

Cash flow statement *(Kapitalflussrechnung):* Stellt die Cashflows einer Berichtsperiode aus der laufenden Geschäfts-, Investitions- und Finanzierungstätigkeit dar.

Cash generating unit *(zahlungsmittelgenerierende Einheit):* Die kleinste identifizierbare Gruppe von Vermögenswerten, die Mittelzuflüsse erzeugt, die weitestgehend unabhängig von den Mittelzuflüssen anderer Vermögenswerte oder Gruppen sind.

Completed contract method *(Completed Contract Methode):* Eine Methode zur Bilanzierung langfristiger Fertigungsaufträge. Diese Methode wird im HGB-Abschluss angewandt und die unfertigen Aufträge werden zu Herstellungskosten bewertet, d.h. es ist keine Gewinnrealisierung möglich. Im IFRS-Abschluss ist sie unzulässig, es muss die percentage-of-completion method angewandt werden.

Component approach *(Komponentenansatz):* Fordert, dass alle Komponenten einer Sachanlage, die einen wesentlichen Bestandteil eines Vermögenswertes ausmachen, bei unterschiedlichen Nutzungsdauern gesondert zu bilanzieren und abzuschreiben sind (IAS 16).

Contingent asset *(Eventualforderung):* Ein möglicher Vermögenswert, der aus vergangenen Ereignissen resultiert und dessen Existenz durch das Eintreten oder Nichteintreten eines oder mehrerer unsicherer künftiger Ereignisse erst noch bestätigt wird. Diese Ereignisse stehen nicht vollständig unter der Kontrolle des Unternehmens.

Contingent liabilities *(Eventualschulden):* Mögliche unsichere Verpflichtungen, die wahrscheinlich nicht zu einem Vermögensabfluss führen werden oder bei denen der Erfüllungsbetrag nicht zuverlässig geschätzt werden kann. Die Eventualverbindlichkeiten dürfen nach IAS 37.27 nicht passiviert werden. Sie führen zwar zu keiner Aufwandsbuchung, aber sie müssen im Anhang beschrieben werden (IAS 37.86).

Construction contract *(Fertigungsauftrag):* Ein Vertrag über die kundenspezifische Fertigung von Gegenständen, die hinsichtlich Design, Technologie und Funktion oder hinsichtlich ihrer Verwendung aufeinander abgestimmt oder voneinander abhängig sind (IAS 11.3).

Control concept *(Beherrschungs-Konzept):* Die Möglichkeit, die Finanz- und Geschäftspolitik eines Unternehmens zu bestimmen.

Corridor method *(Korridorverfahren):* Bei leistungsorientierten Pensionsplänen (defined benefit plans) entstehen Abweichungen zwischen der rechnungsmäßig erwarteten und der tatsächlichen Entwicklung des Verpflichtungsumfangs sowie des Fondsvermögens (versicherungsmathematische Gewinne bzw. Verluste). Diese Abweichungen werden bei Anwendung des Korridorverfahrens nicht sofort bei Entstehen aufwandswirksam gebucht. Erst wenn die aufgelaufenen versicherungsmathematischen Gewinne bzw. Verluste den Korridor verlassen, wird ab dem folgenden Geschäftsjahr getilgt. Der Korridor beträgt 10 % des Barwertes der verdienten Pensionsansprüche bzw. des Zeitwertes des Fondsvermögens, falls dieses höher ist.

Cost model *(Anschaffungskostenmethode):* Sieht eine Bewertung von Vermögenswerten mit den fortgeführten Anschaffungs- oder Herstellungskosten (AHK) vor, die sich aus den aktivierten AHK abzüglich der kumulierten außerplanmäßigen Wertminderungsaufwendungen ergeben.

Cost plus contract *(Kostenzuschlagsvertrag):* Ein Fertigungsauftrag, bei dem der Auftragnehmer abrechenbare oder anderweitig festgelegte Kosten zuzüglich eines vereinbarten Prozentsatzes dieser Kosten oder einer fixen Gebühr vergütet bekommt.

Cost-to-cost method *(Cost-to-Cost-Methode):* Bei der langfristigen Auftragsfertigung wird der Fertigungsstand

i. d. R. mithilfe der Cost-to-Cost-Methode bestimmt. D. h. es wird das Verhältnis der bisher angefallenen Auftragskosten zu den geschätzten Gesamtkosten ermittelt. Die Teilgewinnrealisierung unter Verwendung der Cost-to-Cost-Methode stellt sich folgendermaßen dar:

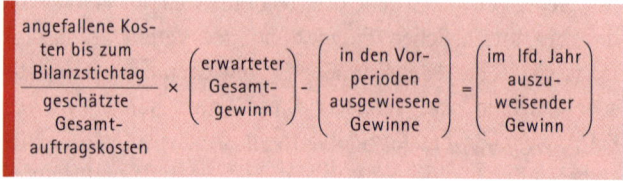

$$\frac{\text{angefallene Kosten bis zum Bilanzstichtag}}{\text{geschätzte Gesamtauftragskosten}} \times \left(\begin{array}{c}\text{erwarteter}\\\text{Gesamt-}\\\text{gewinn}\end{array}\right) - \left(\begin{array}{c}\text{in den Vor-}\\\text{perioden}\\\text{ausgewiesene}\\\text{Gewinne}\end{array}\right) = \left(\begin{array}{c}\text{im lfd. Jahr}\\\text{auszu-}\\\text{weisender}\\\text{Gewinn}\end{array}\right)$$

Current value *(Tageswert):* Der Preis, der aktuell zu zahlen wäre, wenn der identische oder ein vergleichbarer Vermögenswert angeschafft werden würde. Bei börslich gehandelten Wertpapieren wird z. B. der Stichtagskurs als Tageswert für die Bewertung verwendet.

Deemed cost *(Ersatz für die Anschaffungs- oder Herstellungskosten):* Der Wert, der anstelle der ursprünglichen Anschaffungs- oder Herstellungskosten zu einem bestimmten Zeitpunkt verwendet wird. Bei der Berechnung der Abschreibungen geht man davon aus, dass das Unternehmen den Vermögenswert oder die Schuld ursprünglich an einem bestimmten Datum angesetzt hatte und dass seine Anschaffungs- bzw. Herstellungskosten dem Wert der deemed cost entsprachen.

Defined benefit plans *(leistungsorientierte Pensionspläne):* Pläne, bei denen dem Begünstigten durch das Unternehmen oder über einen externen Versorgungsträger eine bestimmte Leistung zugesagt wird. Im Gegensatz zu den Beitragszusagen (defined contributions plans) sind die vom Unternehmen zu erbringenden Aufwendungen hier nicht im Vorhinein festgelegt. Um den periodengerechten Aufwand zu bestimmen, sind nach den Bilanzierungsvorschriften versicherungsmathematische Berechnungen nach bestimmten Regeln durchzuführen.

Defined contribution plans *(beitragsorientierte Pläne):* Pläne für Leistungen nach Beendigung des Arbeitsverhältnisses, bei denen das Unternehmen festgelegte Beträge an einen Fonds oder eine Versicherung ohne Nachschusspflicht entrichtet (IAS 19.7). Das Unternehmen geht somit kein Risiko ein.

Deferral method *(Abgrenzungsmethode):* Die Steuerabgrenzungen werden GuV-orientiert auf der Grundlage der Jahresergebnisse berücksichtigt.

Deffered taxes *(latente Steuern):* Zukünftig zu zahlende oder zu erhaltende Ertragsteuern, die aus unterschiedlichen Wertansätzen von Vermögenswerten und Schulden in der Steuerbilanz und in der IFRS-Bilanz resultieren. Sie stellen zum Zeitpunkt der Bilanzierung noch keine tatsächlichen Forderungen oder Verbindlichkeiten gegenüber Finanzbehörden dar.

Depreciation *(Abschreibung):* Die planmäßige Abschreibung eines Sachanlagevermögenswertes über die geplante Nutzungsdauer.

Derivative *(Derivat):* Nach IAS 39.9 ist von einem Derivat auszugehen, wenn die folgenden Kriterien kumulativ erfüllt sind:

- Der Wert des Finanzinstrumentes hängt direkt von der Wertänderung eines Basiswertes ab (z. B. Zinssatz, Wechselkurs, Wertpapierkurs, Preisindex etc.).
- Der Erwerb des Finanzinstrumentes verlangt im Verhältnis zu vergleichbaren Verträgen, die ähnlich auf Veränderungen der Marktbedingungen reagieren, keine oder nur eine geringe Nettozahlung.
- Der Erfüllungszeitpunkt des Vertrags liegt in der Zukunft.

Derivative financial instruments *(derivative Finanzinstrumente):* Dazu gehören z. B. Optionen und Futures. Derivative Finanzinstrumente können funktional in Sicherungs-, Spekulations- und Handelsinstrumente abgegrenzt werden. Für die Unternehmen ist vor allem das Motiv der Absicherung (auch „hedging" genannt) von Risikopositionen gegen nachteilige Entwicklungen von Warenpreisen, Währungskursen, Zinssätzen oder auch Aktienkursen von Bedeutung.

Development *(Entwicklung):* Bei der Erfüllung bestimmter Voraussetzungen besteht nach IFRS für Entwicklungsaufwendungen eine Aktivierungspflicht. Im Gegensatz zur Forschung ist die Entwicklung – die Anwendung der Forschungsergebnisse – auf ein Produkt bezogen. Die Entwicklung endet dann, wenn das Produkt marktfähig ist, d.h. mit dem Beginn der Produktion.

Disclosure *(Offenlegung, Bekanntgabe):* Dies sind Angabe- bzw. Erläuterungspflichten zum Jahresabschluss. Diese Informationen findet man i. d. R. im Anhang.

Dismantling and disposal commitments *(Rückbau- und Entsorgungsverpflichtungen):* Sie erhöhen die Anschaffungskosten des Sachanlagevermögens, soweit diese auf einer gegenwärtigen Verpflichtung des Unternehmens beruhen (IAS 16.16c).

Earnings per share *(Gewinn je Aktie):* Finanzkennzahl zur Bewertung der Rentabilität der Aktien. Mit dieser Kennzahl wird der Aktienkurs beurteilt. Der Gewinn je Aktie ergibt sich, indem man den (bereinigten) Jahresüberschuss eines Unternehmens durch die Anzahl der Aktien dividiert. Earnings per share werden in IAS 33 geregelt.

Effective interest method *(Effektivzinsmethode):* Sie verteilt die Differenz zwischen Anschaffungswert und Rückzahlungsbetrag (Agio/Disagio) mittels Barwertmethode über die Laufzeit des entsprechenden Vermögenswertes. Damit wird eine konstante Verzinsung erreicht. Als effektiver Zinssatz gilt der Kalkulationszinssatz, mit dem sich für jede Periode eine konstante Verzinsung des eingesetzten Kapitals ergibt.

Efforts expended method *(Efforts-Expended-Methode):* Verfahren, mit dem der Fertigstellungsgrad bei kundenspezifischen Fertigungsaufträgen im Rahmen der percentage-of-completion method ermittelt wird. Dabei wird das Verhältnis der bereits angefallenen Fertigungsstunden zu den für den Auftrag insgesamt kalkulierten Fertigungsstunden errechnet (vgl. IAS 11.30).

EFRAG (European Financial Reporting Advisory Group): Eine privatwirtschaftlich organisierte Expertengruppe mit der Aufgabe, die europäischen Interessen gegenüber dem IASB zu vertreten und die EU-Kommission bei technischen Fragen zur IFRS-Rechnungslegung zu beraten.

Embedded derivatives (eingebettete Derivate): Bestandteil eines originären Finanzinstruments und mit diesem untrennbar verbunden, also sog. hybrid financial instruments, wie z. B. Aktienanleihen. Sie sind rechtlich und wirtschaftlich miteinander verbunden, jedoch unter bestimmten Voraussetzungen getrennt zu bilanzieren.

Endorsement (Endorsement): Der Übernahmeprozess der IFRS in europäisches Recht. Wenn ein IFRS-Standard vom IASB verabschiedet wurde, wird dieser von der EU einem formellen Anerkennungsverfahren (endorsement mechanism) unterzogen. Nur diejenigen Standards, die in diesem Verfahren anerkannt (endorsed) wurden, können auf der Grundlage der EU-Verordnung von den betroffenen Unternehmen angewendet werden. Bei Anerkennung der IFRS durch die Europäische Kommission werden die Standards automatisch zu nationalem Recht.

Enforcement (enforcement): Ein Durchsetzungsmechanismus, der die Umsetzung und die Einhaltung der IFRS-Regelungen sicherstellen soll.

Equity (Eigenkapital): Die Differenz zwischen den assets und den liabilities bezeichnet man als equity, was in etwa dem deutschen Reinvermögensbegriff (Eigenkapital) entspricht.

Equity instrument *(Eigenkapitalinstrument):* Ein Vertrag, der einen Residualanspruch an den Vermögenswerten eines Unternehmens nach Abzug aller dazugehörigen Schulden begründet (IAS 32.11).

Equity method *(Equity-Methode):* Eine Konsolidierungsmethode, die für assoziierte Unternehmen angewendet wird. Bei der Equity-Methode werden die Anteile an einem Unternehmen zunächst mit den Anschaffungskosten gebucht und in der Folge entsprechend dem Anteil des Anteilseigners am sich ändernden Eigenkapital des Beteiligungsunternehmens berichtigt. Der anteilige Jahresüberschuss/-fehlbetrag des Unternehmens geht in den Buchwert der Anteile ein. Bei Ausschüttungen wird der Wertansatz um den anteiligen Betrag gemindert.

Exchange transaction *(Tauschgeschäft):* Beim entgeltlichen Erwerb eines Vermögenswertes im Rahmen eines Tausches ist nach IFRS der beizulegende Zeitwert relevant. Voraussetzungen für Bewertung zum beizulegenden Zeitwert (fair value):

- Der Tausch hat wirtschaftliche Substanz und

- der beizulegende Zeitwert einer der beiden Vermögenswerte lässt sich verlässlich ermitteln.

Exposure Draft (ED) *(Entwurf eines Standards):* Ein Vorentwurf eines IFRS-Standards und wird vom IASB mit qualifizierter Mehrheit verabschiedet und veröffentlicht. Der ED kann von der interessierten Öffentlichkeit in einer festgelegten Frist kommentiert werden.

Fair presentation *(Vermittlung eines den tatsächlichen Verhältnissen entsprechenden Bildes):* Generalnorm der Rechnungslegung, welche auch als „true and fair view" bezeichnet wird, wonach der Jahresabschluss ein den tatsächlichen Verhältnissen entsprechendes Bild der Vermögens-, Finanz- und Ertragslage wiedergeben muss. Nach den International Financial Reporting Standards (IFRS) ist der Grundsatz der fair presentation der oberste Bilanzierungsgrundsatz und nicht das Vorsichtsprinzip wie beim HGB.

Fair value *(beizulegender Zeitwert):* Der Betrag, zu dem zwischen sachverständigen, vertragswilligen und voneinander unabhängigen Geschäftspartnern unter marktüblichen Bedingungen ein Vermögenswert getauscht oder eine Schuld beglichen werden könnte.

Fair value hedge *(Fair Value Hedge):* Hier erfolgt sowohl die Bewertung des Sicherungsinstruments als auch des Grundgeschäfts mit dem beizulegenden Zeitwert. Die Gewinne und Verluste aus der Bewertung des Sicherungsinstruments und des Grundgeschäfts sind unmittelbar erfolgswirksam in der Gewinn- und Verlustrechnung der entsprechenden Periode zu erfassen.

Fair value less costs to sell *(Nettoveräußerungserlös):* Der Wert, der dem aus einem marktüblichen Verkauf des Vermögenswertes zwischen zwei sachverständigen und vertragwilligen Parteien zu erwartenden Erlös entspricht, wobei die dem Verkauf zuzurechnenden Ausgaben (cost of disposal) abzuziehen sind, wie z. B. Rechtsberatungskosten, Abbau- oder Transportkosten.

Financial assets *(finanzielle Vermögenswerte):* Teile eines Finanzinstruments, das auf der Aktivseite der Bilanz dargestellt wird, z. B. Aktien und Schuldverschreibungen, die an einem anderen Unternehmen gehalten werden.

Financial asset or financial liabilities at fair value through profit or loss *(finanzielle Vermögenswerte oder finanzielle Verbindlichkeiten, die erfolgswirksam zum beizulegenden Zeitwert bewertet werden):* Die Finanzinstrumente dieser Kategorie werden zum beizulegenden Zeitwert bewertet. Die Kategorie hat zwei Subkategorien. Die erste Subkategorie umfasst alle financial assets or financial liabilities classified as „held for trading", also sämtliche finanziellen Vermögenswerte oder finanzielle Verbindlichkeiten, die zur Erzielung kurzfristiger Gewinne gehalten werden. Die zweite Subkategorie „designated at fair value" enthält financial instruments, die bei erstmaligem Ansatz wahlweise unter bestimmten Bedingungen in diese Kategorie eingeordnet wurde. Derivate gehören grundsätzlich der zweiten Subkategorie an, sofern sie nicht einer Sicherungsbeziehung zugeordnet werden.

Finance lease *(Finanzierungsleasing):* Liegt vor, wenn im Wesentlichen alle mit dem Eigentum verbundenen Risiken und Chancen eines Vermögenswertes auf den Leasingnehmer übertragen werden. Der Leasingnehmer hat den Leasinggegenstand nach IFRS als wirtschaftlicher Eigentümer zu bilanzieren.

Financial instrument *(Finanzinstrument):* Ein Vertrag, der bei dem einen Vertragspartner zu einem finanziellen Vermögenswert (financial asset) führt und bei dem anderen Vertragspartner zu einer finanziellen Schuld (financial liability) oder einem Eigenkapitaltitel (equity) (IAS 32.11). Einen Überblick über die Arten von Finanzinstrumenten zeigt die folgende Abbildung:

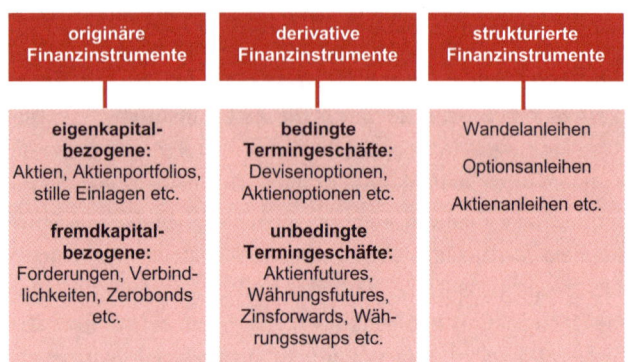

originäre Finanzinstrumente	derivative Finanzinstrumente	strukturierte Finanzinstrumente
eigenkapital-bezogene: Aktien, Aktienportfolios, stille Einlagen etc.	**bedingte Termingeschäfte:** Devisenoptionen, Aktienoptionen etc.	Wandelanleihen
		Optionsanleihen
fremdkapital-bezogene: Forderungen, Verbind-lichkeiten, Zerobonds etc.	**unbedingte Termingeschäfte:** Aktienfutures, Währungsfutures, Zinsforwards, Wäh-rungsswaps etc.	Aktienanleihen etc.

Arten von Finanzinstrumenten

Fixed price contract *(Festpreisvertrag):* Ein kundenspezifischer Fertigungsauftrag, für den der Auftragnehmer einen festen Preis bzw. einen festgelegten Preis pro Output-Einheit vereinbart, wobei diese an eine Preisgleitklausel gekoppelt sein können (IAS 11.3).

Framework *(Rahmenkonzept):* Teil des Regelwerks des IASB. Das Framework stellt die Leitlinien dar, die der Aufstellung und Darstellung des IFRS-Abschlusses zugrunde liegen.

Full goodwill method *(Full-Goodwill-Methode):* Hier wird das (nicht zu 100 %) erworbene Tochterunternehmen mit seinem Unternehmensgesamtwert konsolidiert, der sich ergeben hätte, wenn 100 % Anteile erworben worden wären.

Hedge accounting *(Hedge Accounting):* Darstellung gegensätzlicher Wertentwicklungen eines Sicherungsgeschäfts (z. B. eines Zinsswaps) und eines Grundgeschäfts (z. B. eines Kredits). Die grundsätzliche Zielsetzung des Hedge Accounting ist die ergebnisneutrale bzw. ergebniskompensierende Darstellung von derivativen Sicherungsgeschäften aus dem Treasury-Bereich in der Bilanz und in der Gewinn- und Verlustrechnung (GuV) eines Unternehmens. Die Notwendigkeit der Vorschriften des Hedge Accounting ergibt sich, weil innerhalb des Mixed-Modell-Ansatzes nach IFRS (IAS 39) unterschiedliche Bewertungsansätze in den Kategorien von Finanzinstrumenten existieren.

Held to maturity investments *(bis zur Endfälligkeit zu haltende Finanzinvestitionen):* Nicht derivative finanzielle Vermögenswerte mit festen oder bestimmbaren Zahlungen sowie einer festen Laufzeit, die das Unternehmen bis zur Endfälligkeit halten will und kann.

Historical cost *(Anschaffungs- oder Herstellungskosten):* Sie stellen denjenigen Betrag an Zahlungsmitteln und Zahlungsmitteläquivalenten oder den beizulegenden Zeitwert der Gegenleistung dar, der zum Erwerbszeitpunkt für den Erwerb des Vermögenswertes aufgewendet wurde (F 100a).

IAS (International Accounting Standards): Die IAS-Standards wurden vom IASC von 1973 bis 2000 entwickelt und herausgegeben. Sie sind noch solange neben den IFRS-Standards gültig, bis sie aufgehoben oder durch neue IFRS-Standards, ersetzt werden.

IASB (International Accounting Standard Board): Ein in London ansässiges internationales Rechnungslegungsgremium. Es entwickelt und veröffentlicht globale Rechnungslegungsstandards (IFRS), wirkt auf deren weltweite Akzeptanz und Einhaltung hin und bemüht sich um die Harmonisierung nationaler Rechnungslegungsstandards. Die 14 Mitglieder des IASB stammen aus der Wirtschaftsprüfung, der Finanz-, der Jahresabschlussanalyse und der Wissenschaft.

IASC (International Accounting Standards Committee): Das Vorgänger-Rechnungslegungsgremium des IASB.

IASCF (International Accounting Standards Committee Foundation): Das IASCF bietet dem IASB den rechtlichen Rahmen sowie die erforderliche finanzielle und organisatorische Unterstützung.

IFAC (International Federation of Accountants): Die internationale Vereinigung der Abschlussprüfer.

IFRIC (International Financial Reporting Interpretations Committee): Ein zwölf Mitglieder umfassendes Gremium, das sich mit der konkreten Anwendung auslegungsbedürftiger Rechnungslegungsstandards beschäftigt und hierzu Interpretationen entwickelt.

IFRIC-Interpretationen: Die vom IFRIC entwickelten und vom IASB verabschiedeten Interpretationen zu konkreten Auslegungsfragen der IFRS.

IFRS (International Financial Reporting Standards): Die vom IASB entwickelten und herausgegebenen Rechnungslegungsstandards. Unter den Begriff IFRS werden neben den eigentlichen IFRS auch die noch gültigen IAS sowie die Interpretationen des IFRIC und der SIC subsumiert.

Impairment *(Wertminderung):* Ist geboten, wenn der Buchwert den erzielbaren Betrag (recoverable amount) übersteigt, d. h. wenn das Vermögen überbewertet ist.

Impairment loss *(Wertminderungsaufwand):* Der Betrag, um den der Buchwert eines Vermögenswertes seinen erzielbaren Betrag überschreitet.

Impairment test *(Wertminderungstest):* Ist vergleichbar mit dem Niederstwertprinzip nach HGB, wobei aber zunächst der erzielbare Betrag ermittelt werden muss. Der erzielbare Betrag ist der höhere Wert aus Nettoveräußerungserlös (fair value less costs to sell) und dem Nutzungswert (value in use). Wenn der erzielbare Betrag kleiner als der Buchwert ist, so kommt es zu einer Wertminderung, d. h. es muss eine außerplanmäßige Abschreibung vorgenommen werden.

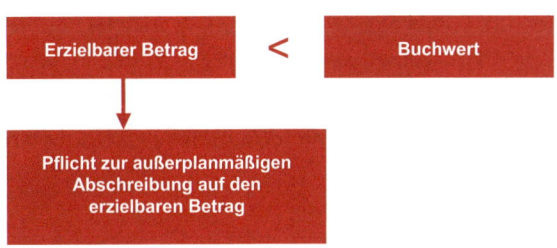

Impairment test

Incremental borrowing rate of interest *(Grenzfremdkapitalzinssatz):* Der Grenzfremdkapitalzinssatz des Leasingnehmers ist derjenige Zinssatz, den der Leasingnehmer bei einem vergleichbaren Leasingverhältnis zahlen müsste. Alternativ kommt derjenige Zinssatz zur Anwendung, den ein Leasingnehmer zahlen müsste, wenn er das Leasingobjekt nicht leasen, sondern kaufen und den Kaufpreis komplett fremdfinanzieren würde.

Intangible asset *(immaterieller Vermögenswert)*: Ein identifizierbarer, nicht monetärer Vermögenswert ohne physische Substanz.

Initial value *(Erstbewertung)*: Bewertung zum Zeitpunkt des Zugangs. Die Erstbewertung erfolgt nach IAS 16.15 grundsätzlich zu Anschaffungs- oder Herstellungskosten.

Interpretations *(Interpretationen):* Ergänzende Detailfragen zur Bilanzierung und Bewertung, die über die Standards hinausgehen, werden in den Interpretationen behandelt.

Investment property *(als Finanzinvestition gehaltene Immobilie):* Grundstücke und Gebäude oder Teile davon, die weder für Produktion, Verwaltung, Versorgung mit Gütern oder Verkauf benutzt werden, sondern nur zur Vermietung, Verzinsung oder zur Wertsteigerung gehalten werden.

IOSCO (International Organization of Securities Commissions)*:* Die internationale Vereinigung nationaler Börsenaufsichtsbehörden.

Leases term test *(Laufzeittest):* Es wird überprüft, ob der Leasingnehmer den Leasinggegenstand über den überwiegenden Teil der Nutzungsdauer mietet. Ist der Laufzeittest positiv, liegt Finanzierungsleasing vor.

Liabilities *(Schulden):* Gegenwärtige Verpflichtungen des Unternehmens, die aufgrund von Ereignissen in der Vergangenheit entstanden sind und in Zukunft zu einem Abfluss von Ressourcen führen. Nach IFRS dürfen die liabilities nur erfasst werden, wenn der Abfluss der Ressourcen in der Zukunft wahrscheinlich ist und sich der entsprechende Wert verlässlich ermitteln lässt.

Management approach *(Management-Ansatz):* Wenn Informationen aus dem internen Rechnungswesen und dem Controlling, die grundsätzlich der Unternehmenssteuerung dienen, für die externe Publizität verwendet werden, spricht man von einem „Management Approach".

Matching principle *(Periodisierung von Aufwendungen und Erträgen):* Aufwendungen werden in der Gewinn- und Verlustrechnung auf der Grundlage eines direkten Zusammenhangs zwischen den angefallenen Aufwendungen und den entsprechenden Erträgen erfasst. Diese Vorgehensweise wird im Allgemeinen als Zuordnung von Aufwendungen zu Erlösen bezeichnet. Sie umfasst die gleichzeitige und gemeinsame Erfassung von Erlösen und Aufwendungen, die unmittelbar und gemeinsam aus denselben Geschäftsvorfällen oder Ereignissen resultieren.

Materiality *(Wesentlichkeitsgrundsatz):* Grundsatz zur Darstellungspflicht in der Rechnungslegung. Nach Definition des IASB ist eine Information wesentlich, wenn die Nichtweitergabe oder fehlerhafte Darstellung Einfluss auf die wirtschaftlichen Entscheidungen des Adressaten hat.

Net selling price *(Nettoveräußerungspreis):* Der Betrag, der durch den Verkauf eines Vermögenswertes zu Marktbedingungen zwischen den Geschäftspartnern nach Abzug der Veräußerungskosten erzielt werden könnte.

Net realizable value *(Nettoveräußerungswert):* Der geschätzte Betrag, der sich aus dem im normalen Geschäftsgang erzielbaren Veräußerungserlös abzüglich der geschätzten Kosten bis zur Fertigstellung und der geschätzten notwendigen Vertriebskosten (IAS 2.6) ergibt.

Operating lease *(Operate Leasing):* Bei einem Operate-Leasingverhältnis handelt es sich nicht um ein Finanzierungsleasing. Es ist ein Leasingvertrag, bei dem der Leasingnehmer nicht das Risiko und die Chancen des verleasten Gegenstandes übernimmt. Die Aktivierung erfolgt beim Leasinggeber und der Leasingnehmer bucht die Leasingraten als Aufwand. Operating Lease setzt voraus, dass ein Restrisiko beim Leasinggeber verbleibt. Operate-Leasingverträge sind wirtschaftlich gesehen „gewöhnlichen" Mietverträgen ähnlich, so dass das Leasingobjekt beim Leasinggeber zu bilanzieren ist.

Other comprehensive income (OCI) *(sonstige erfolgsneutrale Rücklagen):* Gibt an, in welcher Höhe Unternehmen Wertveränderungen des Vermögens direkt im Eigenkapital und nicht GuV-wirksam erfassen. Das OCI zeigt Vermögensgewinne oder -verluste, die in der Gewinn- und Verlustrechnung nicht auftauchen und damit auch nicht den Jahresüberschuss beeinflussen.

Plan assets *(Planvermögen)*: Vermögen, das durch langfristig angelegte Fonds oder qualifizierte Versicherungspolicen zur Erfüllung von Leistungen an Arbeitnehmer gehalten wird.

Percentage of completion method *(Gewinnausweis nach dem Fertigstellungsgrad)*: Eine Teilgewinnrealisierungsmethode entsprechend dem Leistungsfortschritt bei langfristigen Fertigungsaufträgen. Bei dieser Methode nach IFRS kommt es zu einer GuV-wirksamen Vereinnahmung der vereinbarten Gesamterlöse entsprechend dem Fertigstellungsgrad des Auftrags in jeder Periode der Auftragsabwicklung.

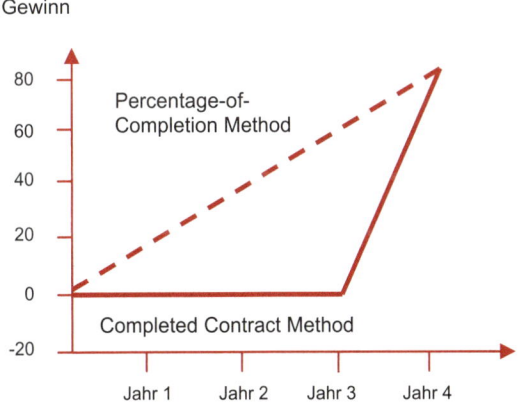

Gewinnausweis nach dem Fertigstellungsgrad

Present value *(Barwert)*: Der Betrag, der auf den abgezinsten Wert auf den aktuellen Zeitpunkt einer zukünftigen Zahlung repräsentiert. Er wird ermittelt, indem der Betrag der künftigen Zahlungen abgezinst wird. Sowohl die Vermögenswerte als auch die Schulden sind in der Bilanz mit dem Barwert der künftigen Nettomittelzu- bzw. -abflüsse anzusetzen (vgl. F. 100d).

Present value test *(Barwerttest der Leasingraten):* Er wird zur Unterscheidung zwischen Operating Leasing und Finanzierungsleasing benötigt. Für die Beurteilung der Vollamortisation, also der Frage, zu welchem Anteil der Kaufpreis in die Leasingrate eingerechnet wurde, muss die Leasingrate abgezinst werden. Mithilfe der Abzinsung wird der Barwert ermittelt. Der Barwert ist die Leasingrate ohne Zinsen und dieser Barwert ist dann mit dem Kaufpreis zu vergleichen. Falls der Barwert mindestens 90 % des Kaufpreises beträgt, liegt in wirtschaftlicher Betrachtungsweise ein Kauf vor, d. h. das Leasinggut wird beim Leasingnehmer bilanziert.

Probable *(wahrscheinlich):* Bedeutet, dass etwas eher wahrscheinlich als unwahrscheinlich ist, d. h. es spricht mehr dafür als dagegen.

Projected unit credit method *(Anwartschaftsbarwertverfahren):* Dem Verfahren liegt die Annahme zugrunde, dass sich der Arbeitnehmer in jedem Beschäftigungsjahr einen zusätzlichen Teil des endgültigen Leistungsanspruchs dazuverdient. Jeder dieser Teilleistungsansprüche wird separat bewertet, um auf diese Weise den Wert der endgültigen Leistungsverpflichtung des Unternehmens zu ermitteln. Dabei werden u. a. zukünftige Gehalts- und Rentensteigerungen berücksichtigt.

Property, plant and equipment *(Sachanlagen):* Materielle Vermögenswerte, die ein Unternehmen für Zwecke der Herstellung und Lieferung von Gütern und Dienstleistungen, zur Vermietung an Dritte oder für Verwaltungszwecke besitzt und die erwartungsgemäß länger als eine Periode genutzt werden.

Prospective application of a change in accounting policy *(Prospektive Anwendung der Änderung einer Rechnungslegungsmethode):* Änderungen von Bilanzierungs- und Bewertungsmethoden sind nur auf Geschäftsvorfälle anzuwenden, die nach dem Zeitpunkt der Änderung eintreten.

Provision *(Rückstellung):* Eine Schuld, deren Höhe oder deren Fälligkeit ungewiss ist.

Purchase price allocation *(Kaufpreisallokation):* Verteilung des Kaufpreises bei Unternehmenszusammenschlüssen auf bislang nicht oder nicht in dieser Höhe bilanzierte Vermögenswerte und Schulden. Dazu zählen auch immaterielle Vermögenswerte. Die Grundlage für die Höhe der Bemessung stellt der beizulegende Zeitwert (fair value) dar.

Qualifying asset *(qualifizierter Vermögenswert):* Ein Vermögenswert, für den ein beträchtlicher Zeitraum erforderlich ist, um ihn in seinen beabsichtigten gebrauchs- oder verkaufsfähigen Zustand zu versetzen (IAS 23.5).

Realisable value *(Veräußerungswert):* Repräsentiert denjenigen Wert an Zahlungsmitteln oder Zahlungsmitteläquivalenten, der zum Bewertungszeitpunkt bei Veräußerung des Vermögenswertes im normalen Geschäftsverlauf erzielt werden kann (Absatzmarktorientierung).

Rechnungslegungs Interpretations Committee (RIC): Das RIC arbeitet eng zusammen mit dem IFRIC (International Financial Reporting Interpretations Committee) des IASB sowie mit den Gremien der anderen nationalen Standardsetzer. Dabei ist das Ziel, die internationale Konvergenz von Interpretationen zu fördern und spezifische nationale Sachverhalte im Rahmen der gültigen IFRS und in Abstimmung mit den DRS (Deutsche Rechnungslegungs Standards) zu beurteilen.

Reconciliation of carrying amounts *(Überleitungsrechnung):* Dort werden diejenigen Unterschiede aufgezeigt und quantifiziert, die sich bei der Anwendung der Rechnungslegungsvorschriften des jeweiligen Landes bzw. Börsenplatzes ergeben hätten. Bei der Überleitungsrechnung von HGB auf IFRS erhalten ausländische Investoren Informationen zu Vermögens- und Erfolgsgrößen, die auf den ihnen bekannten IFRS-Bilanzierungs- und Bewertungsmethoden errechnet wurden.

Recoverable amount *(erzielbarer Betrag):* Der höhere Betrag aus dem Nutzungswert (d. h. dem Barwert aller erwarteten künftigen Zahlungsströme, die der Vermögenswert erwirtschaftet) und dem Nettoveräußerungserlös (beizulegender Zeitwert abzüglich der Veräußerungskosten eines Vermögenswertes).

Relevance *(Relevanz):* Der Grundsatz der Relevanz beinhaltet, dass der Abschluss nur relevante Informationen vermitteln soll, die die wirtschaftlichen Entscheidungen der Adressaten tatsächlich beeinflussen.

Reliability *(Verlässlichkeit):* Eine wesentliche Bedingung für den Jahresabschluss. Informationen sind dann verlässlich, wenn sie keine wesentlichen Fehler enthalten, frei von verzerrenden Einflüssen sind und sich die Adressaten darauf verlassen können, dass sie glaubwürdig sind.

Retrospective application *(retrospektive Anpassung):* Die Wirkungen der Bilanzanpassung werden rückwirkend vom Zeitpunkt der Änderung berücksichtigt.

Revalution *(Neubewertung):* Die Wertanpassung von Vermögenswerten und Schulden an den zum Bilanzstichtag notwendig zu bilanzierenden Betrag. Die Bewertung erfolgt zum beizulegenden Zeitwert (fair value), der über den historischen Anschaffungs- oder Herstellungskosten abzüglich der kumulierten Abschreibungen liegen kann. Der positive Saldo wird in die Neubewertungsrücklage eingestellt. Die folgende Abbildung zeigt die Vorgehensweise bei der Neubewertungsmethode.

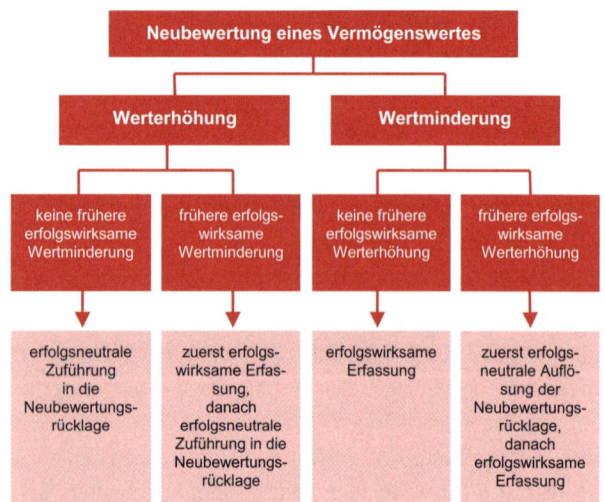

Vorgehensweise der Neubewertungsmethode

Revaluation model *(Neubewertungsmethode):* Hier erfolgt die Bewertung zum beizulegenden Zeitwert (fair value). Dabei ist auch eine höhere Bewertung als zu den Anschaffungs- oder Herstellungskosten möglich.

Revaluation surplus *(Neubewertungsrücklage):* Gemäß IAS 1.96b werden in der Neubewertungsrücklage Beträge erfasst, die aus der Neubewertung von Vermögenswerten resultieren und bei denen andere Standards die Erfassung der Veränderung des fair value im Eigenkapital vorschreiben (z. B. IAS 39.55b Änderung des fair value eines zur Veräußerung gehaltenen Vermögenswertes). Die Neubewertung führt zu einem Wertzuwachs auf der Aktivseite und damit zu einer Erhöhung des Eigenkapitals.

Reversal of an impairment loss *(Wertaufholung):* Sofern die Gründe, die zu einer außerplanmäßigen Abschreibung geführt haben, entfallen, ist nach IFRS grundsätzlich eine Zuschreibung vorzunehmen (IAS 36.109).

SAC *(Standards Advisory Council):* Er besteht aus ca. 45 Mitgliedern, die aus dem Kreis der an der Standardsetzung interessierten Personen und Organisationen heraus ernannt werden (von den Treuhändern). Sie sollen das Board (IASB) hinsichtlich der Schwerpunktsetzung der Arbeit und der inhaltlichen Ausgestaltung der Standards beraten.

Sale and leaseback *(Sale-and-Lease-back):* Diese Transaktion soll zu einer verbesserten Liquidität führen. Hierfür werden Vermögenswerte verkauft und anschließend zurückgeleast, da man sie weiter nutzen möchte. Der Verkaufspreis fließt an das Unternehmen und die künftigen Leasingraten belasten das Unternehmen in der jeweiligen Periode, in der das Leasingobjekt genutzt wird. Bilanziell wirkt sich dies unter IFRS so aber nur dann aus, wenn ein Operate Leasing vorliegt. Beim Finanzierungsleasing dagegen ist der Verkaufsertrag abzugrenzen und über die Laufzeit des Leasingverhältnisses erfolgswirksam zu verteilen.

Segment *(Segment):* Eine unterscheidbare Geschäftseinheit. Diese Geschäftseinheit kann unterschiedlich bezeichnet werden, beispielsweise als Profitcenter, Geschäftsfeld, Division, Sparte, Produktlinie usw. Segmente ergeben sich aus unterschiedlichen Verantwortungsbereichen.

Segment reporting *(Segmentberichterstattung):* Damit werden die Rechnungslegungsdaten nach Unternehmensbereichen und regionalen Märkten aufgeteilt. Hier wird zwischen dem Management Approach und dem Risk and Reward Approach unterschieden. Im ersten Fall folgt die Abgrenzung der Segmente der internen Organisations- und Führungsstruktur des Konzerns. Beim Risk and Reward Approach erfolgt die Abgrenzung anhand der Chancen- und Risikostruktur der Segmente.

Settlement value *(Erfüllungsbetrag):* Schulden werden mit dem Erfüllungsbetrag erfasst, d. h. mit dem Betrag, der zum Rückzahlungszeitpunkt im gewöhnlichen Geschäftsverlauf zur Begleichung der Verpflichtung gezahlt werden müsste (F. 100c).

Share deal *(Share deal):* Unternehmenszusammenschlüsse, die durch den Erwerb von Anteilen (Beteiligungserwerb) an einem anderen Unternehmen zustande kommen. Die Transaktion führt zu einer Mutter-Tochter-Beziehung.

SIC *(Standing Interpretations Committee):* Das SIC existierte bis zur Restrukturierung des IASC im Jahr 2001 und entwickelte die IAS-Interpretationen. Das SIC wurde durch das IFRIC abgelöst.

SME, IFRS for Small and Medium Sized Entities *(Mittelstandsstandards):* Eine Version der IFRS für Unternehmen, die keiner öffentlichen Rechnungslegungspflicht unterliegen.

Standards *(Standards)*: Sie regeln den Ansatz, die Bewertung, den Ausweis und die Erläuterung von Jahresabschlussposten nach der IFRS-Rechnungslegung.

Statement of changes in equity *(Eigenkapitalveränderungsrechnung):* Zeigt, in welchen Positionen des Eigenkapitals während des Geschäftsjahres Veränderungen stattgefunden haben. Traditionell erhöht der Jahresgewinn das Eigenkapital und die Ausschüttung des Vorjahresgewinns reduziert das Eigenkapital. Bei der Bilanzierung nach IFRS erfolgen darüber hinaus erfolgsneutral z. B. im Rahmen der Neubewertungs- und der Wertänderungsrücklage zahlreiche Veränderungen.

Statement of comprehensive income *(Gesamtergebnisrechnung):* Bestandteil eines vollständigen Abschlusses. Es besteht ein Wahlrecht, die GuV in die Gesamtergebnisrechnung zu integrieren oder neben einer verkürzten Gesamtergebnisrechnung die GuV als eigenen Abschlussbestandteil offenzulegen.

Structured financial instruments *(strukturierte Finanzinstrumente):* Sie bestehen gemäß IAS 39.10 aus einem originären Basisvertrag und einem in diesem Vertrag eingebundenen Derivat (embedded derivative). Der Basisvertrag wird durch die derivative Komponente um deren Wesensmerkmale (Ausübungswahlrechte etc.) erweitert.

Subsequent measurement *(Folgebewertung):* Eröffnet nach IAS 16.29 ein Wahlrecht zwischen der Anschaffungskostenmethode (cost model) und der Neubewertungsmethode (revaluation model). Eine einmal angewandte Methode ist für eine Gruppe von Vermögenswerten wegen des Stetigkeitsgebots beizubehalten.

Substance over form *(wirtschaftliche Betrachtungsweise):* Sie begründet die Dominanz einer wirtschaftlichen über einer rechtlichen Betrachtungsweise. Geschäftsvorfälle und andere

Ereignisse sind nach ihrem tatsächlichen wirtschaftlichen Gehalt und nicht allein nach ihrer rechtlichen Gestaltung zu bilanzieren. Nach diesem Grundsatz werden beispielsweise Leasinggegenstände beim Finanzierungsleasing in der Bilanz des Leasingnehmers angesetzt, auch wenn dieser nicht rechtlicher, sondern nur wirtschaftlicher Eigentümer ist.

Temporary differences *(temporäre Differenzen):* Unterschied zwischen dem Buchwert eines Vermögenswertes oder einer Schuld und dem steuerlichen Wertansatz, der in der Zukunft zu Erhöhungen oder Abzügen beim zu versteuernden Gewinn führt. Daraus ergeben sich latente Steuern.

Timeliness *(Zeitnähe):* Nach dem Abwägungsgrundsatz der Zeitnähe hat die Abschlusserstellung zeitgerecht zu erfolgen, um die Entscheidungsrelevanz der Abschlussinformationen zu gewährleisten.

Treasury shares *(eigene Anteile):* Eigene Anteile nach IAS 32.23 f. können alle Eigenkapitalinstrumente sein, gemäß IFRS werden sie nicht auf der Aktivseite angesetzt. Sie sind vom Eigenkapital abzusetzen und nach IAS 1.70a entweder in der Bilanz oder im Anhang (notes) gesondert auszuweisen.

Triggering events *(Ereignistriggering):* Konkrete Anzeichen, die auf einen Abwertungsbedarf hindeuten und daher zur Durchführung eines Impairment Tests (Werthaltigkeitstest) verpflichten.

True and fair view principle *(True-und-Fair-View-Prinzip):* Ein Prinzip der internationalen Rechnungslegung, demgemäß grundsätzlich für alle Parteien ein den tatsächlichen Verhältnissen entsprechendes Bild vermittelt werden soll.

Understandability *(Verständlichkeit):* Die im Jahresabschluss dargestellten Informationen sollen für die Adressaten leicht verständlich sein, jedoch werden angemessene Rechnungslegungskenntnisse seitens der Bilanzleser vorausgesetzt.

Underlying assumptions *(Basisannahmen):* Als Basisannahmen gelten die Prinzipien der Periodenabgrenzung (accrual basis) und der Unternehmensfortführung (going concern).

Units of production method *(Abschreibung nach der Nutzung):* Es wird das Nutzungspotenzial eines Vermögenswertes bestimmt und proportional zur Nutzung während des Abrechnungszeitraumes der Abschreibungsaufwand bestimmt.

US-GAAP *(US-Generally Accepted Accounting Principles):* Sie stellen die vom US-Rechnungslegungsgremium, dem Financial Accounting Standards Board (FASB), entwickelten US-amerikanischen Rechnungslegungsregeln primär für kapitalmarktorientierte Unternehmen dar. Davon sind deutsche Unternehmen mit einer Zweitnotierung in den USA betroffen.

Value in use *(Nutzungswert):* Dies ist der Gegenwartswert aller zukünftig erwarteten Zahlungsströme, die ein Vermögenswert erwirtschaftet, einschließlich seiner Entsorgungskosten. Ermittlung des Nutzungswertes, Definition (IAS 36.7): Barwerte der künftigen Cashflows, die voraussichtlich aus einem Vermögenswert oder einer zahlungsmittelgenerierenden Einheit abgeleitet werden können.

$$\text{Nutzungswert} = \sum_{t=1}^{5} \frac{CF_t}{(1+i)^t} + \sum_{t=6}^{n} \frac{(CF_5 \times (1+w))}{(1+i)^t} + \frac{Ab_n}{(1+i)^n}$$

Ab: Einzahlungsüberschuss aus dem Abgang
CF: Cashflows
i: angemessener Zinssatz
n: Nutzungsdauer
t: Periodenindex
w: Wachstumsrate des Cashflows

Literaturverzeichnis

Baum, H. et al.: Strategisches Controlling, Stuttgart, 4. A. 2007

Bea, F.X.; Friedl, B.; Schweitzer, M.: Allgemeine Betriebswirtschaftslehre – Band 3: Leistungsprozess, Stuttgart, 2006

Becker, L.; Lutz, S.: Gabler Kompakt-Lexikon – Modernes Rechnungswesen – , Wiesbaden, 2. A. 2007

Beck'sches IFRS-Handbuch, München, 3. A. 2009

Berkau, C.: Bilanzen, Konstanz, 2009

Deutsche Bundesbank: Finanzstabilitätsbericht 2009, Glossar S. 113-124, November 2009

Falk, M. A.; Ohnesorg, P.: Fachwörterbuch Rechnungslegung Deutsch – Englisch / Englisch – Deutsch, Stuttgart 5. A. 2008

Federmann, R.; Kußmaul, H.; Müller, S.: Handbuch der Bilanzierung, Freiburg, 2010

Gabler Wirtschaftslexikon, 17. A. 2010

Häberle, S. G.: Das neue Lexikon der Betriebswirtschaftslehre, München, 2009

Hamblock, D.; Wessels, D.: Wörterbuch Wirtschaftsenglisch Deutsch/ Englisch, Berlin, 2001

IDW: International Financial Reporting Standards IFRS, Düsseldorf, 5. A. 2009

Kuhnle, H.: Bilanzen, Stuttgart, 2004

Langenscheidt: Fachwörterbuch Kompakt Wirtschaft Englisch, Berlin et al., 2005

Langenbeck, J.: Praxiswörterbuch Business Accounting Englisch, Berlin et al., 2006

Lüdenbach, N.; Hoffmann, W.-D.: IFRS Kommentar, Freiburg, 8. A. 2010

Jung, H.: Allgemeine Betriebswirtschaftslehre, München, 11. A. 2009

Olfert, K.; Rahn, H.-J.: Lexikon der Betriebswirtschaftslehre, Ludwigshafen, 4. A. 2001

Perridon, L.; Steiner, M.; Rathgeber, A.: Finanzwirtschaft der Unternehmung, München, 15. A. 2009

Preißler, G.; Figlin G.: IFRS-Lexikon, 2009

PricewaterhouseCoopers: Wörterbuch Rechnungslegung und Steuern, Willingshausen, 2000

Ruhnke, K.: Rechnungslegung nach IFRS und HGB, Stuttgart, 2. A. 2008

Scheffler, E.: Lexikon der Rechnungslegung, München, 2. A. 2007

Schierenbeck, H.; Wöhle, C. B.: Grundzüge der Betriebswirtschaftslehre, München, 17. A. 2008

Schmalen, H.; Pechtl, H.: Grundlagen und Probleme der Betriebswirtschaft, Stuttgart, 14. A. 2009

Steger, J.: Kosten- und Leistungsrechnung, München, 4. A. 2006

Steinle, C.; Daum, A.: Controlling – Kompendium für Ausbildung und Praxis, 4. A. 2007

Steinmann, H.; Schreyögg, G.: Management. Grundlagen der Unternehmensführung, Wiesbaden, 6. A. 2005

Thommen, J.-P.; Achleitner, A.-K.: Allgemeine Betriebswirtschaftslehre, Wiesbaden, 6. A. 2009

Wierichs, G.; Smets, S.: Gabler Kompakt-Lexikon „Bank und Börse", Wiesbaden, 4. A. 2007

Wöhe, G.; Döring, U.: Einführung in die Allgemeine Betriebswirtschaftslehre, München, 23. A. 2008

Wöltje, J.: Trainingsbuch IFRS, Planegg/München, 2007

Wöltje, J.: Schnelleinstieg Rechnungswesen, Planegg/München, 2008

Wöltje, J.: Betriebswirtschaftliche Formelsammlung, Planegg/München, 4. A. 2009

Wöltje, J.: Buchführung und Jahresabschluss, Rinteln, 2. A. 2010

Wöltje, J.: Investitions- und Finanzmanagement, Rinteln, 2010

Internet

www.ax-net.de/inhalt/glossar/glossar.htm
www.boerse.ard.de/lexikon
www.controllingportal.de
www.deutsche-boerse.com
www.dict.leo.org
www.linguee.de
www.wikipedia.org

Der Autor

Prof. Dr. Jörg Wöltje

Diplom-Wirtschaftsingenieur, Jahrgang 1962, mehrjährige Industrietätigkeit im Finanz- und Rechnungswesen, Controlling sowie als kaufmännischer Leiter. Seit 1998 Professor für Betriebswirtschaftslehre mit Schwerpunkt Rechnungswesen, Internationale Rechnungslegung, Unternehmensanalyse sowie Finanzierung und Investition an der Hochschule Karlsruhe – Technik und Wirtschaft. Daneben führt er Veranstaltungen bei privaten Bildungsträgern, z. B. der Verwaltungs- und Wirtschafts-Akademie sowie dem BankCOLLEG, durch.

Bibliografische Information der Deutschen Nationalbibliothek
Die Deutsche Nationalbibliothek verzeichnet diese Publikation in der Deutschen Natio-
nalbibliografie; detaillierte bibliografische Daten sind im Internet abrufbar über
http://dnb.d-nb.de.

ISBN 978-3-648-00313-8
Bestell-Nr. 00352-0001

© 2010, Haufe-Lexware GmbH & Co. KG, Munzinger Straße 9, 79111 Freiburg
Redaktionsanschrift: Fraunhoferstraße 5, 82152 Planegg
Fon (0 89) 8 95 17-0, Fax (0 89) 8 95 17-2 50
E-Mail: online@haufe.de
Internet: www.haufe.de
Redaktion: Jürgen Fischer

Konzeption, Realisation und Lektorat: Sylvia Rein, 81371 München
Umschlaggestaltung: Kienle gestaltet, 70178 Stuttgart
Druck: freiburger graphische betriebe, 79108 Freiburg

TaschenGuides – Qualität entscheidet

Bereits erschienen:

■ Der Betrieb in Zahlen

- 400 € Mini-Jobs
- Balanced Scorecard
- Betriebswirtschaftliche Formeln
- Bilanzen
- BilMoG
- Buchführung
- Businessplan
- BWL Grundwissen
- BWL kompakt – die 100 wichtigsten Fakten
- Controllinginstrumente
- Deckungsbeitragsrechnung
- Einnahmen-Überschussrechnung
- Finanz- und Liquiditätsplanung
- Formelsammlung Betriebswirtschaft
- Formelsammlung Wirtschaftsmathematik
- Die GmbH
- IFRS
- Kaufmännisches Rechnen
- Kennzahlen
- Kontieren und buchen
- Kostenrechnung
- VWL Grundwissen

■ Mitarbeiter führen

- Besprechungen
- Checkbuch für Führungskräfte
- Führungstechniken
- Die häufigsten Managementfehler
- Management
- Managementbegriffe
- Mitarbeitergespräche
- Moderation
- Motivation
- Projektmanagement
- Spiele für Workshops und Seminare
- Teams führen
- Workshops
- Zielvereinbarungen und Jahresgespräche

■ Karriere

- Assessment Center
- Existenzgründung
- Gründungszuschuss
- Jobsuche und Bewerbung
- Vorstellungsgespräche

■ Geld und Specials

- Sichere Altersvorsorge
- Energie sparen
- Energieausweis
- Geldanlage von A-Z
- IGeL – Medizinische Zusatzleistungen
- Immobilien erwerben
- Immobilienfinanzierung
- Meine Ansprüche als Rentner
- Die neue Rechtschreibung
- Eher in Rente
- Web 2.0
- Zitate für Beruf und Karriere
- Zitate für besondere Anlässe

■ Persönliche Fähigkeiten

- Allgemeinwissen Schnelltest
- Ihre Ausstrahlung
- Burnout
- Business-Knigge – die 100 wichtigsten Benimmregeln
- Mit Druck richtig umgehen
- Emotionale Intelligenz
- Entscheidungen treffen
- Gedächtnistraining
- Gelassenheit lernen
- Glück!
- IQ – Tests
- Knigge für Beruf und Karriere
- Knigge fürs Ausland
- Kreativitätstechniken
- Manipulationstechniken
- Mathematische Rätsel
- Mind Mapping
- NLP
- Optimistisch denken
- Peinliche Situationen meistern